UNITÉS
ÉLECTRIQUES
ABSOLUES

LEÇONS PROFESSÉES A LA SORBONNE

1884-1885

PAR

G. LIPPMANN

Membre de l'Institut

Rédigées par A. BERGET, Docteur ès sciences

PARIS

Georges CARRÉ et C. NAUD, Éditeurs

3, rue racine, 3

—

1899

UNITÉS ÉLECTRIQUES

ABSOLUES

UNITÉS
ÉLECTRIQUES
ABSOLUES

LEÇONS PROFESSÉES A LA SORBONNE

PAR

M. G. LIPPMANN

Membre de l'Institut

Rédigées par M. A. BERGET, Docteur ès sciences

PARIS

GEORGES CARRÉ ET C. NAUD, ÉDITEURS

3, RUE RACINE, 3

—

1899

PRÉFACE

Ce livre est la reproduction de leçons professées à la Sorbonne en 1884-85, lorsque j'eus l'honneur de succéder à M. Briot en sa chaire de Physique Mathématique. Le texte en a été recueilli et rédigé par M. A. Berget, docteur ès sciences. M. E. Mathias, professeur à l'Université de Toulouse, a bien voulu m'aider à en revoir les dernières épreuves.

Les applications des mesures absolues sont si étendues et si variées, qu'il est utile d'en présenter un exposé succinct, destiné à faciliter au lecteur l'intelligence d'ouvrages plus complets. Grâce à l'emploi des mesures absolues, plusieurs chapitres distincts de l'Electricité se trouvent reliés en un ensemble cohérent qui se rattache à la Mécanique et qui aboutit à une théorie de la Lumière. Pourtant la complexité de cet ensemble n'est qu'apparente. Les unités absolues ne servent qu'à simplifier les trois équations élémentaires qui régissent les phénomènes de l'attraction électrique, de l'électromagnétisme et de l'induction. Ce sont ces trois équations élémentaires qui, seules, sont mises en œuvre dans tous les problèmes, sans que l'on ait à faire intervenir de théories ou d'hypothèses supplémentaires. Si l'édifice est grand, la charpente en est simple : c'est ce que j'ai cherché à mettre en évidence dans ces Leçons. On n'y trouvera donc qu'une analyse limitée au strict nécessaire, et que des descriptions de méthodes et d'appareils réduits presque à leurs principes.

La première partie traite du système électrostatique ; la seconde partie traite du système électromagnétique. La comparaison des deux systèmes conduit à la détermination du nombre v, qui est indiquée dans la troisième partie, et à la théorie électromagnétique de la lumière, qu'on a considérée seulement dans le cas d'une onde plane.

Dans la première partie on a eu soin de ne pas attribuer à l'Énergie électrique les propriétés d'une fonction des forces ; c'eût été une erreur mathématique. Par contre, on y a fait ressortir les propriétés des cycles électriques réversibles, et montré que les raisonnements de Carnot et de Clapeyron s'appliquent aux cycles électriques. L'analogie étroite qui existe entre l'Électricité et la Thermodynamique se trouve développée dans un supplément intitulé : *Principe de la Conservation de l'Électricité.*

En résumé, je n'ai pas songé à condenser en un court volume la matière de plusieurs ouvrages spéciaux. Je désire seulement avoir rendu l'étude de l'Électricité plus claire pour les jeunes physiciens, peut-être aussi pour quelques mathématiciens curieux : ceux-là n'ignorent pas combien il importe de savoir, en Physique Mathématique, ce que l'on met dans ses équations.

Gabriel LIPPMANN.

INTRODUCTION

MESURES ABSOLUES

1. *Mesure absolue des quantités physiques*. — L'aspect des sciences physiques a changé depuis un demi-siècle. Autrefois on ne connaissait aucun lien général entre la physique et la chimie ; la physique elle-même se subdivisait en chapitres : Chaleur, Électricité, Optique, qui demeuraient séparés. La considération du travail mécanique, introduite dans l'étude de la chaleur par Sadi Carnot, est venue fournir aux divers phénomènes la commune mesure qui leur manquait. Aujourd'hui nous savons que tous les phénomènes de la nature, tous ceux du moins qui peuvent produire directement ou indirectement un travail, sont soumis à une commune loi, qui s'appelle le *principe de la conservation de l'énergie*, et qui implique en premier lieu la mesure du travail.

De là, la nécessité de mesurer le travail, de connaître les forces mises en jeu, et par conséquent de définir chaque phénomène par la grandeur même des forces mécaniques qu'il produit. Mesurer un phénomène par la grandeur des forces qu'il produit c'est le mesurer en valeur « *absolue* ». Nous nous proposons, dans ce qui suit, d'indiquer comment on mesure en valeur absolue les phénomènes électrostatiques d'une part, d'autre part les phénomènes électromagnétiques.

2. *Unités mécaniques fondamentales*. — Du moment que l'on veut ramener les mesures électriques à des mesures mécaniques, il est nécessaire de définir en premier lieu le système des unités mécaniques que l'on veut employer. Ces unités mécaniques sont dites *fondamentales*.

Les unités fondamentales sont les unités de temps, de longueur, de masse et de force. Le choix de ces unités est arbitraire. Il est indifférent, par exemple, de prendre pour unité de longueur le mètre ou bien le centimètre. Le résultat numérique d'une mesure absolue n'en demeure pas moins absolu. On peut d'ailleurs changer d'unités fondamentales, et passer après coup d'un système fondamental à l'autre en multipliant le résultat numérique absolu que l'on a obtenu par un facteur convenable, dont on indiquera plus loin le mode de calcul. Pour fixer les idées, nous définirons les unités dites C. G. S. adoptées par les physiciens; mais, comme on vient de le remarquer, les mesures électriques effectuées suivant les méthodes qui seront décrites plus loin sont absolues non parce qu'elles reposent sur le système C. G. S. mais parce qu'elles impliquent l'emploi d'un système d'unités mécaniques qui pourraient d'ailleurs être quelconques.

3. *Unités du système C. G. S.* — Les unités du système C. G. S. (centimètre, gramme, seconde) sont des unités non pas électriques, mais purement mécaniques.

L'unité de temps est la *seconde* sexagésimale de temps moyen.

L'unité de longueur est le *centimètre*, c'est-à-dire la centième partie de l'étalon de platine qui représente le mètre.

Les unités de longueur et de temps étant données, l'unité d'accélération se trouve par là définie.

L'unité de masse est le *gramme*. Le gramme est la millième partie de la masse de l'étalon de platine qui représente le kilogramme. Il faut remarquer que les masses se comparent entre elles au moyen de la balance, et que les résultats d'une pesée sont indépendants du lieu où l'on opère, indépendants de l'accélération de la pesanteur en ce lieu.

L'unité de force s'appelle la *dyne*. La dyne est la force capable d'imprimer à la masse d'un gramme une accélération égale à l'unité.

Il s'ensuit que l'on obtient l'expression d'une force en multipliant la masse qu'elle met en mouvement. exprimée en grammes. par l'accélération qu'elle lui imprime. exprimée en centimètres par seconde.

Comme exemple d'application, calculons en dynes le poids du gramme à Paris, c'est-à-dire la force avec laquelle la Terre attire cette masse d'un gramme. L'accélération de la pesanteur à Paris étant supposée égale à 980,8, on a

$$\text{poids du gramme à Paris} = 1 \times 980,8 \text{ dynes} ;$$

de même le poids du kilogramme à Paris est égal à

$$1000 \times 980,8 = 980\,800 \text{ dynes.}$$

L'unité de travail dans le système C. G. S. s'appelle l'*erg*. L'erg est le travail accompli par une dyne, le chemin parcouru étant de 1 centimètre. On obtient donc l'expression d'un travail en ergs en multipliant la force, exprimée en dynes, par le chemin parcouru, exprimé en centimètres.

Comme exemple d'application, exprimons en ergs le travail d'un kilogrammètre à Paris. La force est le poids du kilogramme à Paris, ou 980 800 dynes ; le chemin parcouru est de 100 centimètres, on a donc

$$1 \text{ kilogrammètre à Paris} = 980\,800 \times 100 = 98\,080\,000 \text{ ergs.}$$

4. Remarques sur le système C. G. S. — Avant l'adoption des unités C. G. S., on a fait usage de diverses autres unités en mécanique et en physique. On a pris le mètre ou bien le pied pour unité de longueur ; le poids du kilogramme ou bien le poids de la livre pour unité de force. Gauss, au cours de ses recherches sur le magnétisme, a inventé un système analogue au système C. G. S., sauf que le milligramme et la masse du milligramme servaient d'unités de longueur et de masse.

On a renoncé au système de Gauss. parce qu'il fournit des unités trop petites. Quant au système mètre-poids du kilogramme. il est demeuré en usage pour la mécanique appliquée où il est commode et d'une suffisante précision. Mais en physique et particulièrement pour l'étude de l'électricité, on a préféré le système C. G. S. pour les raisons que nous allons indiquer.

L'accélération de la pesanteur varie d'un point à l'autre du globe; le poids d'une masse donnée, c'est-à-dire la force avec laquelle elle paraît attirée par la Terre, varie donc proportionnellement à cette accélération. Si l'on veut définir l'unité de force par un poids, il faut donc ramener le résultat de l'expression, par une correction de calcul, à ce qu'il serait si l'on avait opéré dans un lieu déterminé, ou plutôt dans un lieu où l'accélération de la pesanteur aurait une valeur donnée, égale par exemple à 980,8 centimètres. Or, du moment où l'on est obligé de faire cette réduction, de choisir par convention un lieu où l'accélération de la pesanteur ait une valeur donnée, le plus simple est de réduire les résultats à ce qu'ils seraient en un lieu où l'accélération serait égale non à 980,8 par exemple, mais à l'unité. C'est précisément ce que l'on fait en prenant pour unité la dyne. La dyne est égale au poids qu'aurait la masse d'un gramme en un point où l'accélération de la pesanteur serait égale à un.

5. *Changement d'unités fondamentales. Formules de dimensions.* — Quel que soit le système d'unités fondamentales adoptées, il importe de pouvoir en changer. Étant donné un résultat numérique exprimé en fonction de certaines unités, il faut pouvoir calculer ce qu'il eût été en fonction d'autres unités.

On passe de l'ancien résultat au nouveau en multipliant le premier par un facteur numérique que nous appellerons *module*. Comment calcule-t-on les modules?

Soit d'abord à transformer la mesure d'une longueur lorsqu'on change l'unité de longueur. Il faut évidemment multiplier le nombre obtenu par le rapport de l'ancienne unité de longueur à la nouvelle. En désignant par L le module des longueurs, on a donc

$$L = \frac{\text{ancienne unité de longueur}}{\text{nouvelle unité de longueur}}$$

L est donc le rapport de deux grandeurs de même espèce : c'est un simple nombre.

On désigne par T et M les modules relatifs aux temps et aux masses. On a donc

$$T = \frac{\text{ancienne unité de temps}}{\text{nouvelle unité de temps}}$$

$$\text{et } M = \frac{\text{ancienne unité de masse}}{\text{nouvelle unité de masse}}$$

Supposons qu'au lieu d'une longueur d'un temps ou d'une masse, il s'agisse d'une grandeur dérivée de celle-là, telle qu'une surface ou une vitesse, etc. Si la grandeur considérée est du degré a par rapport aux longueurs, du degré b par rapport aux temps, du degré c par rapport aux masses, il faut la multiplier successivement par L^a, T^b, et M^c; ce qui en revient à prendre pour module $L^a T^b M^c$.

C'est ainsi que le module d'une vitesse est LT^{-1}, que le module d'une accélération est LT^{-2}. Si dans les deux systèmes employés la force est le produit de la masse par l'accélération, le module de la force est $LT^{-2} M$.

L'expression du module indique de quel degré la grandeur considérée est par rapport aux unités fondamentales de longueur de temps et de masse. C'est pourquoi on lui donne le nom de formule de dimension.

Il en est des grandeurs électriques comme des grandeurs mécaniques dérivées : il faut établir pour chacune d'elles la valeur des exposants a, b, etc., et on en déduit la formule de dimension. On verra par exemple que pour la résistance en unités électromagnétiques absolues, on a $a=1, b=-1, c=0$; le module ou la formule de dimension de cette résistance est donc LT^{-1}, comme pour une vitesse.

6. Système électrostatique absolu et système électromagnétique absolu. — Les systèmes électrostatique et électromagnétique, étudiés dans la première et la deuxième partie de ces leçons, sont distincts, et définis indépendamment l'un de l'autre. Ils reposent en effet sur des phénomènes électriques différents.

Quoique distinctes, ces deux séries de mesures absolues sont soumises à des relations, qui seront exposées dans la troisième partie. On y indiquera la détermination du facteur de transformation, appelé le nombre e, qui sert à passer de l'un à l'autre système. Ce nombre e mesure en même temps la vitesse de propagation d'une perturbation électrique. L'expérience a montré qu'il était égal numériquement à la vitesse de la lumière, et cette coïncidence est le point de départ de la théorie électro-magnétique de la lumière.

PREMIÈRE PARTIE

SYSTÈME ÉLECTROSTATIQUE

PREMIÈRE PARTIE

SYSTÈME ÉLECTROSTATIQUE

CHAPITRE PREMIER

Définition.

7. *Quantité d'électricité, loi de Coulomb.* — Le système électrostatique a pour but de mesurer les actions exercées à distance par des charges d'électricité libre. Ces actions sont de deux sortes ; les unes sont pondéromotrices : ce sont les attractions ou répulsions électriques qui ont lieu entre corps électrisés ; les autres sont électromotrices : ce sont celles qui donnent lieu aux phénomènes d'influence, de distribution électrique et de courant. Ces deux sortes d'actions sont régies par la loi élémentaire de Coulomb, exprimée par la formule

$$(1) \qquad f = \frac{K m m'}{r^2}$$

f est la force qui s'exerce entre deux points séparés par la distance r, m et m' les quantités d'électricité contenues sur ces deux points, K un coefficient dont la valeur numérique dépend des unités employées.

8. *Les quantités d'électricité sont des grandeurs physiques.* — Les quantités m et m' qui entrent dans la formule de Coulomb *ne sont pas de simples coefficients mathématiques.* Ce sont des grandeurs physiques, au même titre que les quantités de matière pondérable mesurées par la balance.

En effet, ainsi que Coulomb le premier l'a démontré par l'expérience, lorsqu'on change la distribution électrique sur deux corps conducteurs, leur charge totale demeure constante.

Coulomb mesure la répulsion exercée par la balle de cuivre fixe sur la balle mobile de sa balance. Puis il fait toucher la balle de cuivre fixe par une balle de même diamètre isolée et non chargée ; il constate que la répulsion produite est réduite à moitié : chacune des balles mises en contact a donc gardé la moitié de la charge primitive ; celle-ci en se partageant est demeurée constante.

Il en est de même dans d'autres cas plus compliqués ; on admet toujours, et l'on peut vérifier par l'expérience, qu'aucun déplacement des charges électriques n'en change la quantité totale.

Les quantités de matières pondérables sont mesurées par leurs poids, c'est-à-dire par l'attraction de la matière sur la matière. Les quantités d'électricité sont de même définies par leurs actions réciproques. Les pesées de matière pondérable se font très simplement parce que l'on dispose de la masse de la terre que l'on peut supposer réunie en un centre qui est extrêmement éloigné. Les mesures de quantités d'électricité se feraient également sous la forme simple de pesées, si l'on disposait d'un centre d'attraction électrique constant et extrêmement éloigné. La conservation d'électricité se vérifierait comme la conservation de la matière : on constaterait que le poids électrique total demeure invariable, quels que soient les phénomènes physiques ou chimiques qui ont lieu entre les parties du système. Il faut ajouter que l'action newtonienne est toujours attractive ; il n'y a pas de poids négatifs. Les actions électriques au contraire ont un signe ; elles sont répulsives ou attractives, et la somme des quantités d'électricité est en général une somme algébrique.

9. *Unité absolue de quantité d'électricité*. — Dans le système électrostatique on prend pour unité la quantité d'électricité qui agit sur une quantité égale, à une distance égale à l'unité de distance, avec une force égale à l'unité de force. La constante K de l'équation (1) devient alors égale à 1, et cette équation devient

$$(2) \qquad f = \frac{mm'}{r^2}.$$

L'unité de quantité d'électricité ainsi définie, les autres grandeurs électriques qui interviennent dans le système électrostatique se trouvent par cela même définies : potentiel, force électromotrice d'influence, capacité, intensité, résistance. Le système électrostatique tout entier n'est qu'une série des applications de l'équation (2).

10. *Mesure de la charge de deux points en valeur absolue.* — Étant donnés deux points M et M' (*fig.* 1) portant les charges m et m', on peut mesurer ces charges en valeur absolue par deux expériences qui donnent, l'une le produit mm', l'autre le quotient $\dfrac{m}{m'}$.

En effet : la force, susceptible de mesure, qui s'exerce entre ces deux points a pour expression :

$$f = \frac{mm'}{r^2}$$

on a donc, en chassant le dénominateur :

$$mm' = fr^2$$

nous avons ainsi le produit des deux charges. Cherchons leur quotient.

Faisons agir les points M et M' sur un point N, tel que le

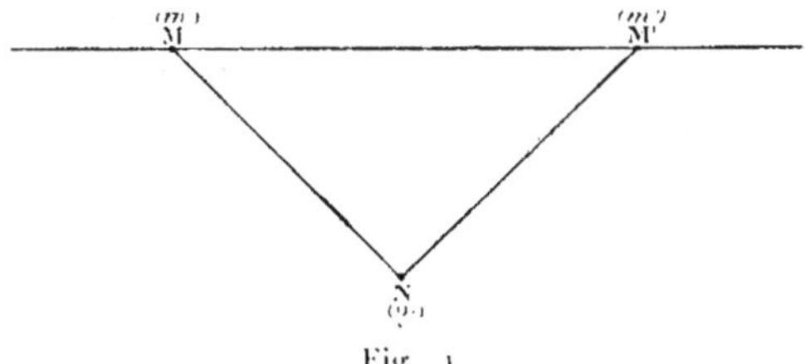

Fig. 1.

triangle MNM' soit rectangle en N et isocèle. Nous aurons ainsi deux nouvelles forces, f_1 et f_2 qui auront pour expressions :

$$f_1 = \frac{m\mu}{a^2}$$

$$f_2 = \frac{m'\mu}{a^2}$$

Divisons ces deux équations l'une par l'autre : nous aurons

$$\frac{f_1}{f_2} = \frac{m'}{m}$$

la résultante fera avec les forces un angle α tel que l'on ait :

$$\tan g\, \alpha = \frac{f_1}{f_2} = \frac{m'}{m}$$

L'angle α est donné par l'expérience ; on a donc ainsi le produit et le quotient des charges m et m'; on peut, par suite, les connaître.

Mais le cas de deux points électrisés se présente rarement dans la pratique ; généralement on a affaire à des corps présentant des dimensions finies et qu'il n'est pas toujours possible de déplacer les uns par rapport aux autres, comme par exemple les armatures des condensateurs. Il faut donc imaginer d'autres moyens de mesure pour les quantités d'électricité.

On mesure, dans ce cas, les quantités électriques à peu près comme on mesure les quantités de chaleur en calorimétrie : on emploie des appareils dont la capacité est connue, de même qu'en calorimétrie, on se sert de calorimètres dont la capacité thermique est connue.

Nous étudierons en détail les méthodes que l'on peut employer à cet effet ; mais auparavant nous devons rappeler la définition et les propriétés principales du potentiel.

CHAPITRE II

Propriétés générales du potentiel.

11. *Propriétés des dérivées premières.* — Considérons un point électrique M (*fig.* 2), contenant une charge *m*. Soit un

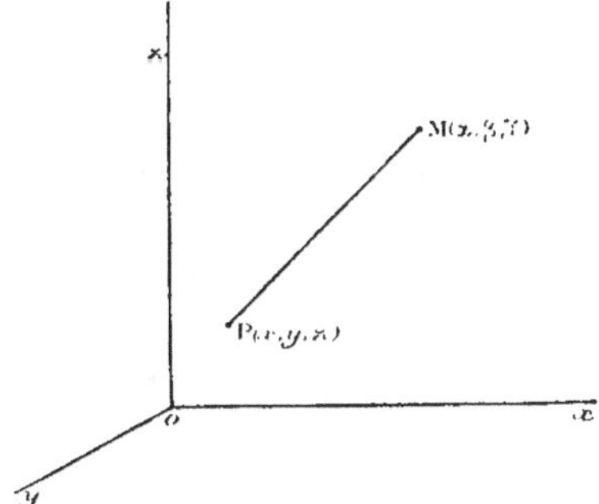

Fig. 2.

second point variable P ; appelons r la distance qui sépare les deux points. Considérons la fonction :

$$V = \frac{m}{r}$$

c'est le *potentiel* au point P, dû au point M.

En prenant la dérivée de V par rapport à r, on obtient la valeur de la force changée de signe.

On peut exprimer V en fonction des coordonnées des deux points M et P. Nous avons évidemment :

$$r = \sqrt{(x-x')^2 + (y-y')^2 + (z-z')^2}$$

et les trois projections de la force sur les trois axes de coordonnées seront, comme nous venons de le dire :

$$(1) \quad \left\{ \begin{aligned} X &= -\frac{\partial V}{\partial x} \\ Y &= -\frac{\partial V}{\partial y} \\ Z &= -\frac{\partial V}{\partial z} \end{aligned} \right.$$

si au lieu d'un seul point M, agissant, on en a plusieurs, M′, M″…. on définit le potentiel au point P par la fonction :

$$V = \frac{m}{r} + \frac{m'}{r'} + \frac{m''}{r''} + \dots$$

et les propriétés du potentiel sont encore les mêmes, car d'une part la dérivée d'une somme est égale à la somme des dérivées de ses termes ; d'autre part, la projection de la résultante sur Ox, de toutes les forces, est la somme algébrique des composantes parallèles à Ox.

Telles sont les propriétés des dérivées premières du potentiel ; rappelons maintenant les propriétés des dérivées secondes.

12. *Propriétés des dérivées secondes du potentiel.* — Dans le cas de points électrisés, on a identiquement :

$$\frac{\partial^2 V}{\partial x^2} + \frac{\partial V^2}{\partial y^2} + \frac{\partial^2 V}{\partial z^2} = 0.$$

Mais habituellement nous n'avons pas affaire à des points électrisés isolés ; le cas ordinaire est celui de *corps électrisés ;* et de plus le point influencé, P, peut lui-même se trouver à l'intérieur de ces corps : il est alors indispensable d'introduire la notion de continuité ; la valeur du potentiel, dans ce cas, est encore facile à trouver.

En effet : soit ABCDE *fig. 3* le parallélipipède élémentaire, enfermant l'élément de volume des corps considérés : ce volume a pour expression :

$$dv = d\alpha \, d\beta \, d\gamma$$

et la charge de cet élément pourra s'exprimer par :

$$m = \rho\, d\alpha\, d\beta\, d\gamma.$$

ρ est ce qu'on appelle la *densité électrique* au point A. C'est

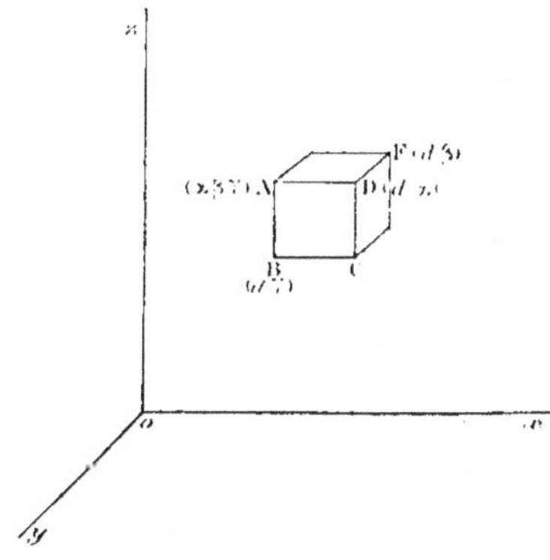

Fig. 3.

une fonction des coordonnées de ce point; le potentiel en un point P sera :

$$\frac{\rho\, d\alpha\, d\beta\, d\gamma}{\sqrt{(x-\alpha)^2 + (y-\beta)^2 + (z-\gamma)^2}}$$

et le potentiel, au point P, dû à l'ensemble des points tels que A, sera :

$$V = \int\int\int \frac{\rho\, d\alpha\, d\beta\, d\gamma}{\sqrt{(x-\alpha)^2 + (y-\beta)^2 + (z-\gamma)^2}}$$

si donc on suppose que le radical ne s'annule jamais, l'intégrale du second membre reste finie; dans ce cas, on vérifie encore l'identité :

$$\frac{\partial^2 V}{\partial x^2} + \frac{\partial^2 V}{\partial y^2} + \frac{\partial^2 V}{\partial z^2} = 0$$

habituellement, on pose :

$$\frac{\partial^2 V}{\partial x^2} + \frac{\partial^2 V}{\partial y^2} + \frac{\partial^2 V}{\partial z^2} = \Delta V$$

de sorte que l'équation précédente devient :

$$(2) \qquad \Delta V = 0.$$

13. *Cas où le point P est intérieur aux masses agissantes.*
— On démontre que, même dans ce cas, la fonction V reste finie.
Quant à l'expression des composantes, elle subsiste encore : on
le vérifie en calculant, d'une part X, de l'autre $-\dfrac{dV}{\partial x}$; et l'on
constate que les deux valeurs sont égales. Mais, dans ce cas,
l'identité (2) est remplacée par celle-ci :

$$(2\ bis) \qquad \frac{\partial^2 V}{\partial x^2} + \frac{\partial^2 V}{\partial y^2} + \frac{\partial^2 V}{\partial z^2} = - 4\,\pi\rho$$

ρ étant la *densité électrique* au point $(x,\ y,\ z)$.

Ce dernier cas est le plus général et comprend le premier,
car si le point P ne fait pas partie des masses agissantes, la
densité y est nulle : $\rho = 0$; donc alors $\Delta V = 0$.

Les théorèmes précédents sont des identités purement analytiques qui résultent de la définition même du potentiel. Ils sont
applicables, qu'il y ait ou non équilibre, que le milieu considéré
soit, ou non, conducteur. Nous allons considérer maintenant le
cas des corps conducteurs.

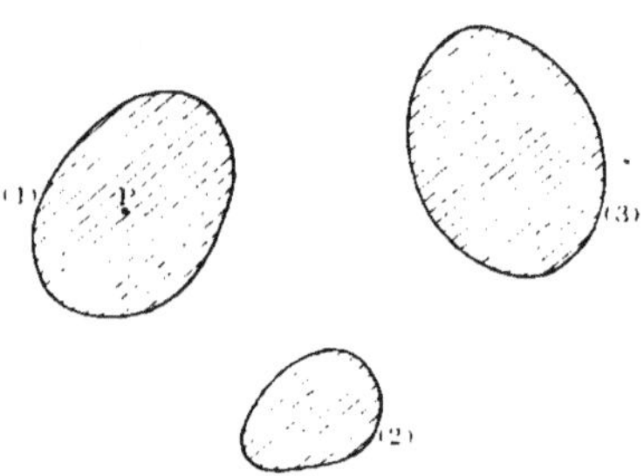

Fig. 1.

14. *Cas des corps conducteurs. — Distribution superficielle.*
— *Dans l'intérieur d'un corps conducteur en équilibre, le poten-
tiel est constant.*
Supposons un corps conducteur 1 *(fig. 1)* de forme quel-

conque, et l'électricité en équilibre dans ce corps conducteur ;
soit P un point intérieur au corps (1); dire que ce point est en
équilibre, c'est dire que la résultante des forces électriques
agissant sur lui est nulle ; donc :

$$\left\{ \begin{aligned} X &= 0 \\ Y &= 0 \\ Z &= 0 \end{aligned} \right.$$

ou bien

$$\left\{ \begin{aligned} \frac{\partial V}{\partial x} &= 0 \\[1em] \frac{\partial V}{\partial y} &= 0 \\[1em] \frac{\partial V}{\partial z} &= 0 \end{aligned} \right.$$

ces équations devant être vérifiées identiquement pour un point P
quelconque à l'intérieur du corps électrisé, il faut que l'on
ait :

$$V = \text{constante} = V_1$$

donc, à l'intérieur du corps (1), le potentiel a une valeur constante V_1; de même, à l'intérieur d'un second corps (2), il aura
une nouvelle valeur :

$$V = V_2$$

et à l'intérieur d'un troisième corps (3) :

$$V = V_3.$$

Théorème. — *Dans un corps conducteur, l'électricité se porte
tout entière à la surface.*

En effet, on a identiquement :

$$\frac{\partial^2 V}{\partial x^2} + \frac{\partial^2 V}{\partial y^2} + \frac{\partial^2 V}{\partial z^2} = -4\pi\rho$$

dans l'intérieur d'un corps électrisé V = const; les premières dérivées sont donc nulles et les secondes aussi; donc :

$$\frac{\partial^2 V}{\partial x^2} + \frac{\partial^2 V}{\partial y^2} + \frac{\partial^2 V}{\partial z^2} = 0$$

il en résulte donc, à cause de (2 *bis*) :

$$4\pi\rho = 0$$
$$\rho = 0$$

donc la densité au point considéré est nulle; par conséquent, il n'y a pas d'électricité libre à l'intérieur d'un corps conducteur en équilibre; elle s'est donc tout entière portée à sa surface; on exprime ce fait en disant que la distribution est superficielle.

15. *Conditions d'équilibre de plusieurs conducteurs réunis par un fil.* — Soient (*fig.* 5) deux corps électrisés conducteurs, (1)

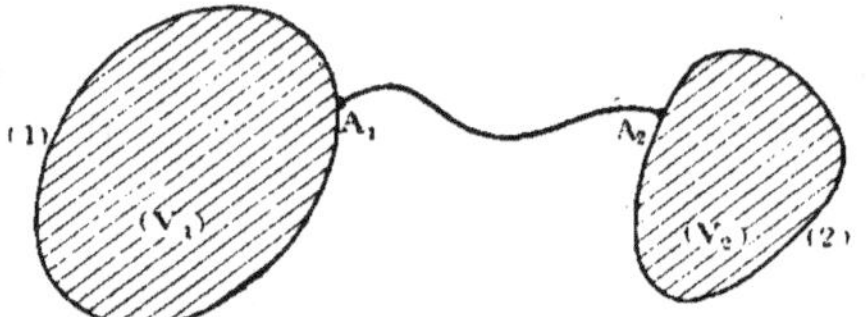

Fig. 5.

et (2), respectivement aux potentiels V_1 et V_2. Réunissons deux de leurs points A_1 et A_2 par un fil conducteur : si $V_1 = V_2$, il y aura équilibre.

Si V_1 diffère de V_2, il ne pourrait y avoir équilibre, car l'ensemble des deux corps constitue maintenant un seul conducteur dans l'intérieur duquel la condition d'équilibre est que le potentiel ait partout la même valeur. Il y aura donc mouvement d'électricité jusqu'à ce que les potentiels soient égaux; si c'est V_2 qui est supérieur à V_1, l'électricité s'écoulera du corps (2) vers le corps (1); en effet, dans le fil de jonction, le potentiel aura des valeurs décroissantes de A_2 vers A_1 : la valeur de la force prise suivant Ox est $-\frac{dV}{dx}$ si V diminue, $\frac{dV}{dx}$ est < 0, donc $-\frac{dV}{dx}$ est positif, donc X est croissant dans le sens A_2A_1. La force sera donc toujours dirigée dans le sens des potentiels décroissants.

16. *Électrisation par influence.* — La théorie du potentiel explique et permet de calculer les phénomènes d'électrisation par influence. Soit un corps conducteur chargé au potentiel V_1, qui peut être égal à zéro. On en approche une charge électrique M. Le potentiel augmente par suite au voisinage de M, puisque les charges élémentaires m qui constituent M fournissent des termes de la forme $\dfrac{m}{r}$, termes d'autant plus grands que la distance r est plus petite. Il faut que la valeur du potentiel reste uniforme dans l'intérieur des conducteurs : c'est la condition d'équilibre. Il est donc nécessaire qu'une nouvelle distribution ait lieu, que l'électricité de nom contraire à M s'accumule en plus grande quantité du côté de M, l'électricité de même nom du côté opposé, de manière à compenser l'action de M, et à rendre de nouveau le potentiel uniforme.

REMARQUE. — Les valeurs du potentiel ne sont jamais connues *qu'à une constante près*, puisque V est fourni par une intégration. Soit donc une certaine distribution V_1 V_2 (V_3)...; nous ne changeons pas les conditions d'équilibre en remplaçant respectivement ces potentiels par $V_1 + C$, $V_2 + C$, $V_3 + C$..., puisque les constantes C ne figurent pas dans les dérivées qui expriment les forces. On peut ainsi donner en un point, au potentiel, une valeur arbitraire; alors les potentiels aux autres points du système sont déterminés. En tout cas, la seule chose qui soit déterminée c'est la différence des potentiels de deux points.

Les résultats précédents fournissent l'explication d'une expérience célèbre de Faraday; ce savant prit une grande cage métallique isolée; il se plaça dans son intérieur, et là il put effectuer avec précision les expériences les plus délicates d'électrométrie, lors même que l'on venait à électriser fortement la cage; en effet, les charges accumulées sur la cage se font équilibre sur un point intérieur.

De même, si, comme le font certains météorologistes, on suppose à la surface extérieure de l'atmosphère terrestre une charge électrique, cette charge sera sans action sur les points de la surface de la terre, qui lui sont intérieurs.

Enfin, comme nous pouvons prendre arbitrairement l'un des potentiels d'un système électrisé, nous donnons arbitrairement à la terre le potentiel $V = 0$. *C'est une simple convention.*

Corollaire. — Considérons un condensateur fermé *(fig.* 6 : s'il

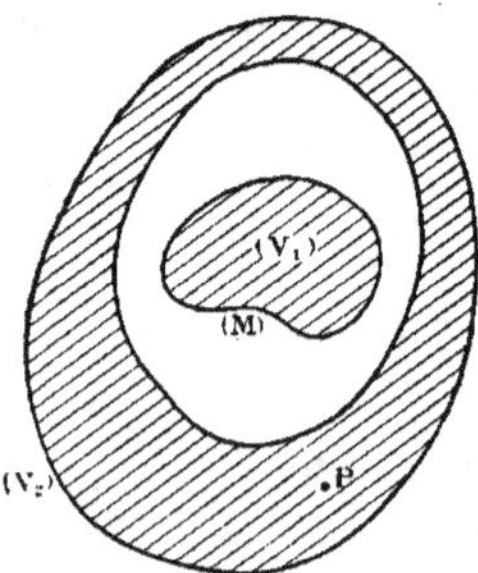

Fig. 6.

y a équilibre, les potentiels V_1 et V_2 de ses armatures sont constants ; je dis que la charge M de l'armature interne ne dépend que de $V_1 - V_2$.

En effet, isolons tout l'instrument et chargeons l'armature externe, rien ne change dans l'intérieur ; donc M ne change pas ; par suite M et $V_1 - V_2$ varient ou restent constants en même temps : M est donc une fonction de $V_1 - V_2$, la même que si la charge extérieure était nulle.

CHAPITRE III

Applications. — Capacités. — Condensateurs.
Electromètres absolus.

17. *Définition de la capacité*. — Considérons d'abord un
corps conducteur dans l'espace : isolé, il porte une charge M à
un certain potentiel V ; soit ρ la densité électrique en un point ;
on aura :

$$M = \int\int\int \rho \, dx\,dy\,dz.$$

Pour un conducteur, la charge est superficielle, et, en appelant σ la charge par unité de surface et ds l'élément de surface,
l'expression précédente sera :

$$M = \int \sigma \, ds$$

le potentiel sera :

$$V = \int \frac{\sigma \, ds}{r}$$

rendons la charge partout K fois plus grande : V sera multiplié
par K. Le rapport de la charge M au potentiel V est donc constant, pour un même corps, et indépendant de K, c'est-à-dire que,
quand M varie, V varie dans le même rapport ; nous pourrons
donc écrire :

$$\frac{M}{V} = C$$

d'où :

$$M = CV$$

C est une constante qui dépend de la forme du corps, et qui se
nomme la *capacité* de ce corps.

De même, pour un condensateur fermé, nous avons vu que M ne dépend que de $V_1 - V_2$: d'autre part les charges répandues sur l'armature externe sont sans action dans l'intérieur : donc la charge M est proportionnelle à la différence des potentiels des deux armatures, et l'on a encore :

$$M = C \left(V_1 - V_2 \right)$$

18. *Capacité de la sphère. — Condensateur sphérique.* — La capacité d'une sphère se mesure par le même nombre que son rayon : car le potentiel au centre a pour valeur :

$$V = \frac{1}{R} . \int \sigma \, ds$$

R étant constant on a

$$V = \frac{M}{R}$$

d'où :

$$M = RV$$

L'emploi de sphères électrisées est rejeté, en pratique, à cause des dimensions excessives qu'il faudrait leur donner pour avoir de grandes capacités ; on emploie de préférence le condensateur sphérique, formé de deux armatures 1 et 2 dont les couches en regard sont des sphères concentriques ; l'armature extérieure peut avoir une forme quelconque, comme le montre la figure 7.

Prenons le potentiel V_1 à l'intérieur de 1 : comme il est constant, considérons sa valeur au centre : V_1 est la somme de trois potentiels : l'un $\dfrac{M}{R_1}$ dû à la charge M, l'autre $\dfrac{M}{R_2}$ dû à la charge en regard, M' ; enfin l'autre est un certain potentiel Φ, dû à la charge μ de la surface extérieure. D'où :

$$V_1 = \frac{M}{R_1} + \frac{M'}{R_2} + \Phi.$$

calculons le potentiel en un point P situé à l'intérieur du corps 2 : ce potentiel est une somme de trois potentiels : l'un dû à la charge M_1

qu'on peut supposer transportée au centre, ce sera $\dfrac{M}{d}$ ($d = OP$) ;

le second, dû à la charge M', aura pour valeur $\dfrac{M'}{d}$; le troisième

enfin sera le potentiel Φ, dû à la charge extérieure, et qui sera
le même que précédemment puisque le potentiel à l'intérieur du
corps (2) électrisé doit être constant, donc on aura :

$$V_2 = \frac{M}{d} + \frac{M'}{d} + \Phi$$

d'autre part, le point P est à l'intérieur du corps conducteur (2) ;
il est donc en équilibre sous l'action des forces qui agissent sur

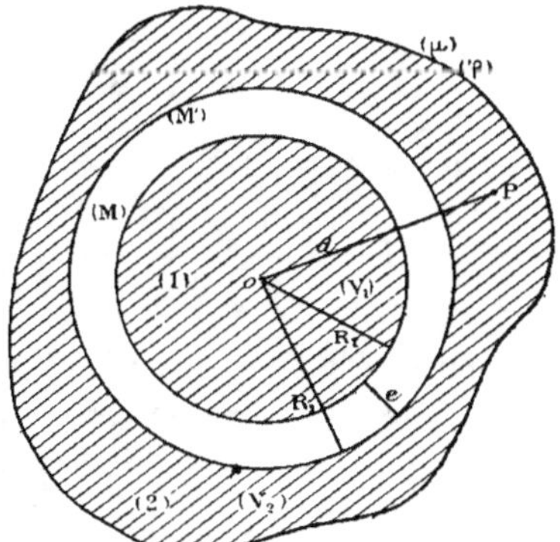

Fig. 7.

lui ; comme il est à l'intérieur de la charge μ, elle est sans action
sur lui : les autres forces sont dues aux charges M et M' ; elles

sont $\dfrac{M}{d^2}$; $\dfrac{M'}{d^2}$; elles se font équilibre, donc :

$$\frac{M}{d^2} + \frac{M'}{d^2} = 0$$

$$M + M' = 0$$

$$M' = -M$$

en transportant cette valeur de M' dans les deux valeurs de V_1 et V_2,
on a :

$$V_1 = \frac{M}{R_1} - \frac{M}{R_2} + \Phi$$

$$V_2 = \frac{M}{d} - \frac{M}{d} + \Phi$$

ou :

$$V_2 = \Phi$$

remplaçant dans (V_1) Φ par sa valeur V_2, nous avons :

$$V_1 - V_2 = M \left(\frac{1}{R_1} - \frac{1}{R_2} \right)$$

$$V_1 - V_2 = M \frac{R_2 - R_1}{R_1 R_2}$$

et la valeur de la capacité C sera :

$$C = \frac{R_2 R_1}{R_2 - R_1}$$

nous sommes donc maîtres de faire varier la capacité comme nous
le voudrons ; il suffit pour cela d'augmenter les rayons et de diminuer $R_2 - R_1$, c'est-à-dire l'épaisseur de la couche d'air qui
sépare les deux armatures. De plus, l'influence des corps exté-
rieurs est éliminée.

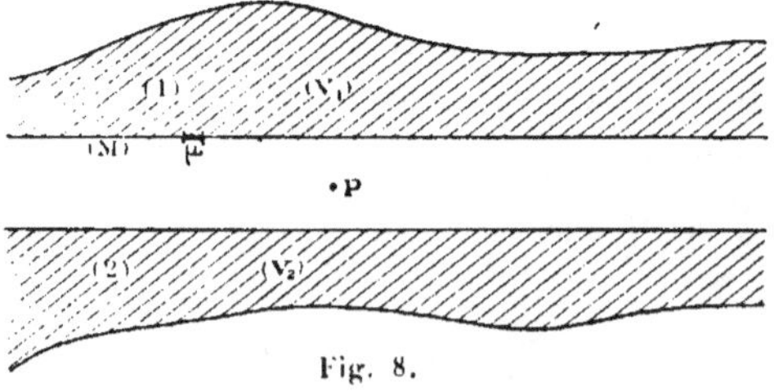

Fig. 8.

19. *Condensateur formé de deux plans parallèles* (*fig.* 8).

— Je suppose ces deux plans indéfinis ; désignons par μ la charge
par unité de surface. Cherchons la force exercée par le système

des deux plans sur un point P, où est située l'unité d'électricité : ce point P se trouve entre les deux plans.

Pour cela, nous allons chercher l'action exercée sur un point P, contenant une charge égale à l'unité, par une couche électrique homogène répandue sur un plan ; elle est normale au plan par raison de symétrie. Si nous considérons un élément de surface ds, l'action de cet élément sur le point P est une force Pf ; cherchons la projection de Pf sur la normale PM ; la force Pf a pour valeur :

$$Pf = \frac{\mu\, ds}{r^2}$$

donc :

$$\text{Proj de } Pf = \frac{\mu\, ds}{r^2}\cos\alpha$$

et la valeur de la résultante sera :

$$F = \int \frac{\mu\, ds}{r^2}\cos\alpha$$

décrivons du point P comme centre *fig. 9* une sphère de rayon

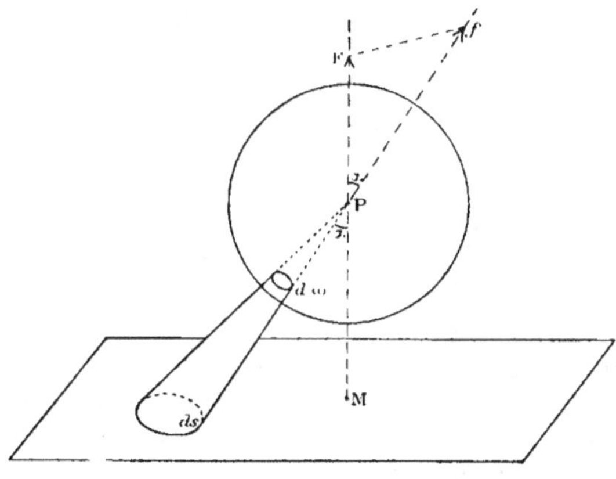

Fig. 9.

égal à l'unité, construisons le cône ayant pour sommet le point P et pour base ds. Ce cône intercepte sur la sphère un élément de surface $d\omega$ qui est appelé, par définition, l'*angle solide* sous lequel l'élément ds est vu des points P. Or on a :

$$d\omega = \frac{ds\,\cos\alpha}{r^2}$$

on aura donc, pour expression de la résultante :

$$F = \int \mu\,d\omega$$

et comme μ est constant, par hypothèse, nous le ferons sortir du signe $\int$; alors :

$$F = \mu \int d\omega$$

$d\omega$ étant l'angle solide sous lequel, du point P, on voit la surface plane, si elle est indéfinie, le cône se réduit à un plan, et $\int d\omega = 2\pi$, donc l'intégrale devient :

$$F = 2\,\pi\mu.$$

si au lieu d'une portion indéfinie du plan, on considère une portion finie, mais si le point P est en même temps infiniment rap-

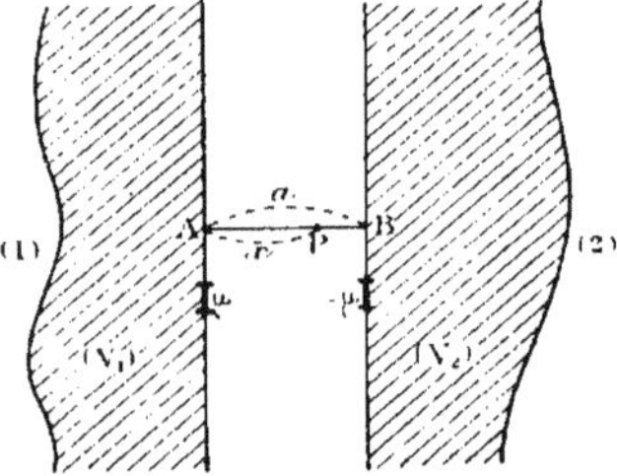

Fig. 10.

proché du plan, l'intégrale se réduit encore à 2π, et la force a toujours pour valeur $2\,\pi\mu$, quelle que soit la dimension de la portion de surface considérée, à condition que la distance du point P au plan soit infiniment petite par rapport aux dimensions de la surface considérée.

Ceci étant établi, revenons au cas de deux plans et d'un point P situé entre eux et contenant une charge électrique égale à l'unité (*fig.* 10) ; l'action du plan (1) sur P est $2\pi\mu$; l'action du plan (2) sur P est $-2\pi\mu$; mais elle est dirigée en sens inverse ; donc elle est $+2\pi\mu$, et la somme des deux actions, c'est-à-dire l'action résultante, est :

$$F = 4\,\pi\mu.$$

Calculons maintenant le potentiel au point P ; ce potentiel est une fonction dont la dérivée est égale en valeur absolue à la force, donc :

$$\frac{dV}{dx} = F$$

ou :

$$V = \int F\,dx$$

mais F est constante et indépendante de la distance de P au plan, donc :

$$V = \int F\,dx$$

$$V = 4\,\pi\mu x + C$$

Pour déterminer la constante C, faisons $x = o$; on a alors $V = V_1$ et il vient :

$$(1) \qquad\qquad V_1 = c$$

faisons $x = a$: $V = V_2$ et on a :

$$(2) \qquad\qquad V_2 = 4\,\pi\mu a + C$$

retranchons (1) et (2) :

$$V_2 - V_1 = 4\,\pi\mu a$$

d'où nous tirons :

$$\mu = \frac{V_2 - V_1}{4\pi a}$$

la capacité par unité de surface sera donc :

$$c = \frac{1}{4\,\pi a}.$$

REMARQUE. — Nous avons trouvé pour la force F une valeur

indépendante de la distance. Ce résultat n'a rien qui doive nous surprendre ; car, doublons la distance PS en reculant le plan H en H′ *fig.* 11 ; la force agit en raison inverse du carré de la distance ; donc elle devient quatre fois plus petite ; mais la distance ayant doublé, la surface S′ est quatre fois plus grande que S, il y a

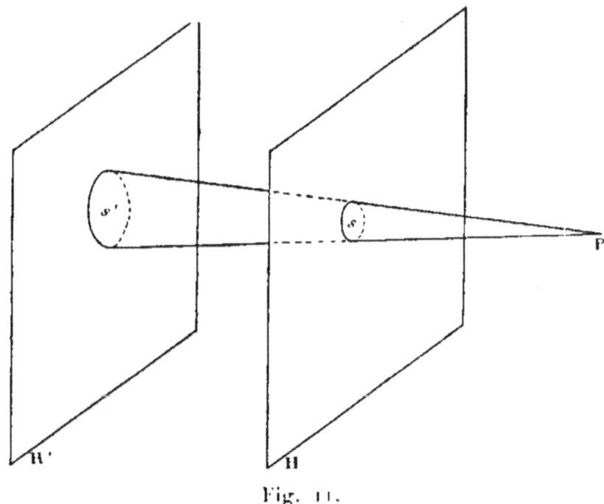

Fig. 11.

donc compensation, le facteur 4 entrant au numérateur et au dénominateur dans la nouvelle expression de la force.

Corollaire. — Cherchons maintenant l'attraction avec laquelle les deux plans s'attirent l'un l'autre : considérons l'unité de surface au plan 2 et cherchons la force avec laquelle elle est attirée par le plan 1 ; l'action de (1) sur un point contenant une charge égale à l'unité est $2\pi\mu$; si la charge du point est μ, la force sera $2\pi\mu \times \mu$ ou $2\pi\mu_2$; et si nous considérons une surface S cette force aura pour valeur :

$$f = 2\pi\mu^2 \, S$$

toutes les forces analogues sont parallèles entre elles ; remplaçons maintenant μ par sa valeur il vient :

$$f = 2\pi \frac{V_2 - V_1{}^2}{4\pi a^2} \, S$$

$$f = \frac{V_2 - V_1{}^2 \, S}{8\pi a^2}.$$

20. *Variation du potentiel entre les armatures d'un condensateur*. — Examinons d'abord le cas du condensateur sphérique *fig.* 12 . Prenons pour axe des x et des y deux droites rectangulaires passant par le centre commun des deux couches sphériques :

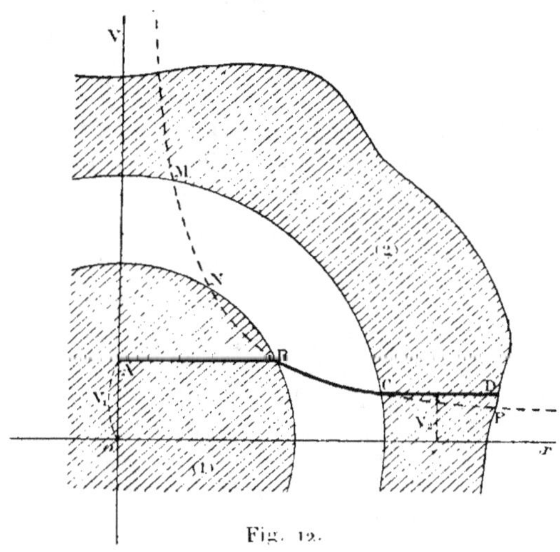

Fig. 12.

l'expression générale de la force en un point est $\dfrac{m}{x^2}$, mais c'est aussi l'expression de la dérivée du potentiel changée de signe, donc :

$$V = - \int \frac{m}{x^2}\, dx$$

et, en effectuant l'intégration :

$$(1) \qquad V = \frac{m}{x} + C$$

donc si nous prenons deux axes de coordonnées convenablement choisis, cette équation représente une hyperbole équilatère rapportée à ses asymptotes; dans l'intérieur de (1) le potentiel est constant :

$$V = V_1$$

cette équation représente une droite AB parallèle à Ox; de même dans l'intérieur de (2) on a :

$$V = V_2$$

c'est une droite CD également parallèle à Ox ; quant à l'équation (1) elle représente l'hyperbole MNCP, dont la portion BC, qui raccorde les points B et C, exprime la variation du potentiel dans l'intervalle qui sépare les deux armatures.

Dans le cas du condensateur plan, la courbe de raccord est une droite.

21. *Mesure du potentiel en un point de l'espace*. — On peut se proposer de mesurer le potentiel V en un point P de l'espace : ce problème se présente notamment dans l'étude de l'électricité atmosphérique. Amenons au point P le centre d'une sphère métallique isolée de rayon R ; mettons un moment la sphère en communication avec le sol par l'intermédiaire d'un fil métallique fin. La sphère acquiert par influence la charge M, et par contact le potentiel V_0 de la terre. Le potentiel V_0 qui a lieu au point P est la somme du potentiel V qui est dû aux charges extérieures, et du potentiel dû à M. On a donc

$$V_0 = V + \frac{M}{R}$$

d'où

$$V - V_0 = - \frac{M}{R}.$$

En admettant que le potentiel de la terre est nul, on a simplement $V = - \dfrac{M}{R}$. Il suffit donc de mesurer le rayon de la sphère et sa charge pour connaître le potentiel V.

22. *Électromètres absolus*. — On appelle électromètre un instrument qui mesure les différences de potentiel. L'électromètre est dit absolu lorsqu'il mesure les différences de potentiel en unités absolues. L'unité absolue de potentiel est le potentiel dû à l'unité de masse agissant à l'unité de distance.

Soient deux corps, aux potentiels V_1 et V_2 : nous savons que l'attraction qu'ils exercent l'un sur l'autre est une fonction de la différence de potentiel $V_1 - V_2$; chaque fois que nous saurons calculer cette fonction et mesurer en même temps l'attraction d'une manière précise, nous réaliserons un électromètre absolu.

Théoriquement, il y a donc une infinité d'électromètres absolus ; mais, pratiquement, peu de cas sont réalisables ; l'un des plus simples est celui qu'a utilisé sir W. Thomson.

23. *Électromètre absolu de Lord Kelvin (sir W. Thomson).*
— L'électromètre de sir W. Thomson se compose essentielle-

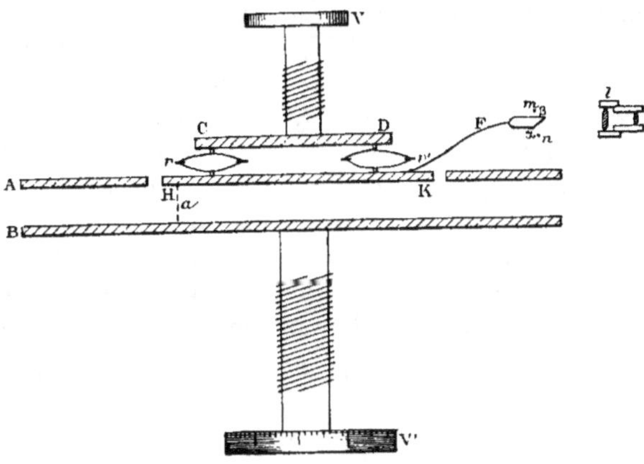

Fig. 13.

ment de deux plateaux parallèles A et B (*fig.* 13) portés respectivement aux potentiels V_1 et V_2 : nous mesurerons directement la force d'attraction qui s'exerce entre ces deux plateaux, et nous aurons $V_1 - V_2$ en fonction de la force.

Nous avons calculé précédemment l'attraction mutuelle de deux plans, et nous avons trouvé, pour expression de la force :

$$ f = 2\pi \frac{(V_1 - V_2)^2}{(4\pi a)^2} S $$

d'où nous tirons :

$$ V_1 - V_2 = a \sqrt{\frac{8\pi f}{S}}. $$

Si nous nous plaçons dans le système C. G. S, nous mesurerons f en dynes ; ainsi conçue, la théorie de l'instrument ne serait pas réalisable dans la pratique ; car la formule suppose les plans indéfinis.

Pour se rapprocher des conditions exprimées par la formule,

Lord Kelvin prend deux grands plateaux, l'un fixe, l'autre mobile ; ce dernier, d'un rayon plus petit que le plateau fixe, est entouré d'une partie annulaire dont l'effet est de répartir uniformément la charge sur le disque mobile. Cette partie mobile se nomme *anneau de garde*.

Dans les premiers appareils qu'avait construits Lord Kelvin, le disque mobile était situé à l'une des extrémités d'un fléau de balance, et on l'équilibrait par des poids placés à l'autre extrémité. Ce dispositif a été abandonné et remplacé par une suspension à ressorts. Le plateau mobile est rattaché à un plateau fixe CD, isolant, au moyen de trois ressorts, r, r' ; ces ressorts en acier ont à peu près la forme de ressorts de voiture. On constitue ainsi un dynamomètre : cette disposition rend l'instrument plus maniable et évite le ballottement latéral inévitable dans le cas où le disque mobile H K serait suspendu à des fils ; le support commun des trois ressorts, CD, est commandé par une vis micrométrique V.

Méthode idiostatique. — Supposons qu'à un certain moment les ressorts soient tendus : alors, sous l'action des forces électriques et de la tension des ressorts, le disque est en équilibre. Pour connaître quelle était la force, on supprime l'action électrique et on la remplace par des poids dont on charge le disque jusqu'à ce que les ressorts aient acquis la même tension (on ramène toujours le disque dans le plan de l'anneau de garde).

Pour s'assurer que le disque est dans le plan de l'anneau de garde, on l'a muni d'une fourchette F, dans laquelle est un réticule $\alpha\beta$, que, au moyen d'une loupe, l, on doit voir au milieu de deux repères m, n.

Pour éviter d'avoir à charger le disque avec des poids, on fait varier, non plus la tension des ressorts, mais la distance a qui sépare les deux plateaux : à cet effet, on rend le plateau inférieur B mobile, au moyen d'une autre vis micrométrique V'.

Maintenant que nous connaissons les parties essentielles de l'instrument, voyons comment nous pourrons nous en servir et s'il sera nécessaire d'en ajouter d'autres :

Application : Mesure de la force électromotrice aux deux pôles d'un élément Daniell. — Mettons les deux pôles de la pile en communication avec les deux plateaux de l'électromètre.

Si nous employons un seul daniell à cette opération, nous n'observerons aucune attraction sensible : pour avoir une action un peu considérable, il faut employer 500 ou 1000 éléments.

Voici quelques résultats numériques :

En employant 1000 daniells, si $a = 0^{cm},1$, la force est de 57 milligrammes par centimètre carré en poids. On en déduit la valeur de la force en dynes; on trouve ainsi :

$$V_1 - V_2 = 3,74$$

Telle étant la force électromotrice pour 1000 Daniells, on a, pour un seul élément :

$$V_1 - V_2 = 0,00374$$

(On se rappellera facilement ce nombre en remarquant qu'il est sensiblement le même que celui qui exprime le coefficient de dilatation des gaz.)

Ces résultats peuvent nous servir aussi à résoudre le problème inverse; nous pouvons, par exemple, calculer l'attraction qui s'exercera entre les deux balles de sureau de la balance de Coulomb, mises chacune en communication avec l'un des pôles d'un daniell : soient a les rayons de ces sphères; soient V_1 et $- V_1$ leurs potentiels respectifs; leurs charges seront $V_1 a$, et $- V_1 a$: l'attraction sera :

$$- \frac{V_1^2 a^2}{r^2}$$

si $a = 1$, $r = 10$, on trouve ainsi :

$$f = \frac{1}{100} \times 0,000009,$$

$$f = 0,00000009.$$

Si l'on veut se procurer une quantité *donnée* d'électricité, on prendra un condensateur, sphérique par exemple : R_1 et R_2 étant le rayon des deux sphères, la capacité sera :

$$C = \frac{R_2 R_1}{R_2 - R_1}$$

C est connu, et V est déterminé si l'on charge par un nombre déterminé d'éléments Daniell.

24. *Force électromotrice correspondant à une longueur donnée d'étincelle.* — Pour mesurer la différence de potentiel qui produit une étincelle de longueur donnée, Lord Kelvin a fait éclater l'étincelle entre les boules d'un micromètre à étincelle et mesuré en même temps la différence de potentiel au moyen de l'électromètre ; il trouve ainsi pour l'air :

DISTANCES	DIFFÉRENCES DE POTENTIEL	QUOTIENTS
Cm.		
0,00250	1,38	527
0,00500	1,84	367
0,00860	2,30	267
0,01900	4,25	224
0,06880	9,69	151
0,13000	17,35	140

On voit immédiatement que les quotients ne sont pas constants ; il n'y a donc pas proportionnalité entre les distances explosives

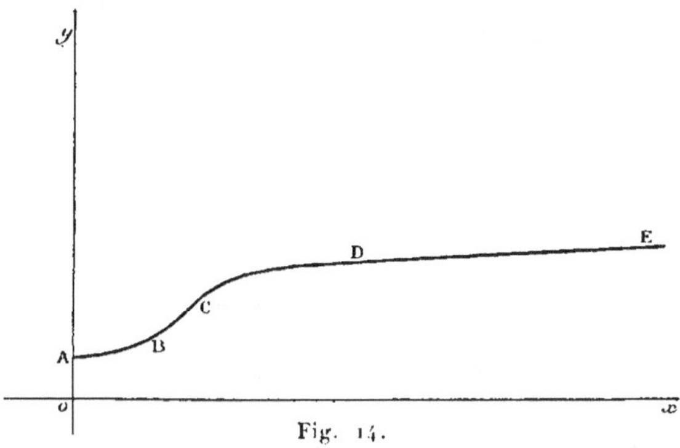

Fig. 14.

et les différences de potentiels ; mais ces quotients décroissent et tendent ensuite vers un nombre constant. Si on traduit ces résultats graphiquement *fig.* 14 , on obtient une courbe A B C D E se rapprochant beaucoup d'une droite dans la région D E. Si l'on voulait réaliser au moyen d'éléments daniells les forces électro-motrices nécessaires pour ces distances explosives, on trouve que, pour produire l'étincelle de $0^{cm}.0688$, il faudrait 2600 daniells en série; et pour 1 millimètre d'étincelle, il faudrait 4000 daniells.

La méthode de mesure que nous venons d'indiquer pour l'électromètre absolu, se nomme *méthode idiostatique*.

Employé comme nous venons de le dire, l'électromètre absolu est un instrument peu sensible. Lord Kelvin en a beaucoup accru la sensibilité, en faisant usage de la méthode hétérostatique.

25. Méthode hétérostatique. — Supposons qu'il s'agisse de mesurer une faible différence de potentiels, $V_1 - V_2$.

On donne à l'un des plateaux un potentiel auxiliaire élevé, V_0; on mesure d'abord $V_0 - V_1$:

$$f = \frac{(V_0 - V_1)^2 S}{8 \pi a^2}$$

$$(1) \qquad V_0 - V_1 = a \sqrt{\frac{8 \pi f}{S}}$$

Maintenons V_0 constant, et mesurons maintenant $V_0 - V_2$: nous donnons aux plateaux une nouvelle distance a', et nous aurons :

$$(2) \qquad V_0 - V_2 = a' \sqrt{\frac{8 \pi f}{S}}$$

en maintenant f constant. Retranchons membre à membre les équations 1 et 2 :

$$V_1 - V_2 = (a' - a) \sqrt{\frac{8 \pi f}{S}}.$$

Pour connaître la différence de potentiels cherchée, il nous suffit donc de mesurer $a' - a$, c'est-à-dire le déplacement du plateau inférieur, ce qui se fait aisément au moyen de la vis micrométrique dont il est muni.

26. Jauge et reproducteur (replenisher). — Cette méthode exige que le potentiel auxiliaire V_0 reste constant. Il faut donc pouvoir s'assurer à chaque instant que cette condition est remplie, et compenser au besoin les diminutions de V_0;

Pour s'assurer de la constance de V_0, Lord Kelvin a imaginé la *jauge*.

La jauge est un petit électromètre, une sorte de réduction du grand :

Une feuille d'aluminium, portée par un fil horizontal de torsion, se trouve en regard d'une autre feuille a, en communication avec le plateau fixe. Un micromètre et une loupe permettent de s'assurer que la distance de ces deux feuilles ne varie pas et que, par conséquent, V_0 n'a pas varié.

Mais supposons qu'on constate par ce moyen que V_0 a varié et a diminué : on le ramène à sa valeur normale au moyen du *reproducteur*, petite machine électrostatique à influence.

La précision de l'instrument dépend, comme on le voit, de celle de la jauge ; si on commet une erreur sur V_0, cette erreur est la même sur $V_1 - V_2$.

27. *Électromètre absolu sphérique*. — Les seuls instruments qui puissent servir à la mesure absolue des potentiels, sont ceux dans lesquels la distribution électrique est uniforme.

Les seuls qui répondent à cette condition, sont : le plan indéfini, le système de deux plans parallèles, la sphère et le cylindre.

L'électromètre sphérique, imaginé par M. Lippmann ([1]), est le plus simple des instruments absolus.

Il se compose d'une sphère coupée en deux parties égales par un plan diamétral vertical. Les deux parties sont isolées mécaniquement l'une de l'autre ; l'une est fixe, l'autre est perpendiculaire au plan de séparation.

Mettons les deux hémisphères au même potentiel V ; la charge M sera :

$$M = RV = 4\pi R^2 \rho \tag{1}$$

ρ étant la densité électrique.

La force répulsive sera

$$F = 2\pi\rho^2 . \pi R^2 \tag{2}$$

([1]) Lippmann. *Journal de Physique*, 2ᵉ série, t. V, p. 323.

Nous tirons de 1 :

$$\rho = \frac{V}{4 \pi R}$$

portons dans 2 : il vient 4 :

$$F = 2\pi \cdot \frac{V^2}{16 \pi^2 R^2} \times \pi R^2$$

$$F = \frac{V^2}{8}.$$

La connaissance de F suffit donc pour connaître V. Le rayon de la sphère n'intervient pas.

La mesure de F se fait très simplement en suspendant l'hémisphère mobile au fléau d'une balance.

Mesure des potentiels en valeur relative. — Si l'on ne veut avoir qu'une mesure relative des potentiels, il ne sera plus nécessaire de recourir à l'électromètre absolu : on pourra s'adresser à d'autres instruments dont le type est l'électromètre à quadrants, imaginé par Lord Kelvin et dont nous donnerons plus tard la description et la théorie complète.

28. *Mesure des capacités.* — Il y a certaines capacités que nous connaissons d'avance : celle d'un condensateur sphérique, par

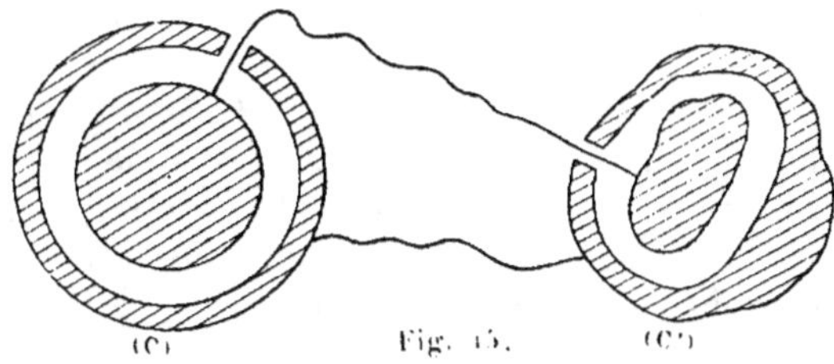

Fig. 15.

exemple, que l'on obtient par un calcul très simple. Pour les autres condensateurs, la forme conduirait à des calculs trop compliqués : l'intégration serait impossible; l'expérience seule peut donc nous faire connaître leur capacité, et pour cela on compare cette capacité à celle d'un condensateur connu.

Pour cela, on emploie une méthode qui a beaucoup d'analogie

avec la méthode des mélanges pour mesurer les chaleurs spécifiques. Soit C *fig.* 15 la capacité d'un condensateur sphérique, C' la capacité d'un condensateur quelconque. Chargeons le condensateur de capacité C' en portant son armature intérieure au potentiel V, et ensuite faisons communiquer entre elles les armatures du même nom : la masse métallique résultante possède un nouveau potentiel V'; la nouvelle capacité est $C + C'$ et on aura la relation :

$$CV = (C + C')V'$$

on tire de là :

$$C(V - V') = C'V'$$

par conséquent, la diminution de charge du premier condensateur est égale à l'augmentation de charge du second, et l'on a :

$$\frac{C'}{C} = \frac{V - V'}{V'} = \frac{V}{V'} - 1$$

donc, pour comparer deux capacités, il suffit de pouvoir trouver le rapport de deux potentiels.

Comment pourrons-nous trouver le rapport $\dfrac{V}{V'}$?

Si nous mettions l'instrument en communication avec un électromètre absolu ou un électromètre à quadrants, nous altérerions la valeur de la quantité à mesurer : on opérera donc autrement :

On commence par jauger d'abord l'électromètre, c'est-à-dire par chercher sa capacité : supposons par exemple qu'on opère par l'électromètre absolu : la charge est VC', et le potentiel est V; mettons l'électromètre en communication avec un condensateur sphérique de capacité C, nous aurons :

$$V'(C + C') = VC'$$

V' étant la nouvelle valeur du potentiel, mesurée par l'instrument même. C' est déterminé par cette équation et peut servir à d'autres mesures.

Si l'on veut, par exemple, connaître la capacité C''' d'une bouteille de Leyde, on charge l'électromètre à un potentiel V; on partage ensuite la charge entre l'électromètre et la bouteille de Leyde, et on a :

$$C V = (C' + C'') V'$$

d'où l'on tire $\dfrac{C''}{C'}$; et comme C' est connu, on connaîtra C''.

29. Cas des grandes capacités. — Voici l'artifice auquel on peut alors avoir recours : on peut employer des capacités intermédiaires : on charge le grand condensateur et on le décharge à travers le condensateur sphérique, ce qui diminue le potentiel dans un rapport voisin de l'unité. On répète n fois cette opération : au bout de n décharges, on a le rapport :

$$\left(\frac{C'}{C + C'} \right)^n$$

le rapport des potentiels est ainsi élevé à la n^e puissance. (Ce cas des grandes capacités se rencontre fréquemment en télégraphie.)

30. Méthode du galvanomètre. — Chargeons un condensateur de capacité C avec une pile constante : nous aurons ainsi une charge M, qui aura pour valeur :

$$M = C (V - V')$$

faisons de même avec un second condensateur de capacité C' : nous aurons une nouvelle charge M' :

$$M' = C' (V - V')$$

divisons membre à membre :

$$\frac{M}{M'} = \frac{C}{C'} .$$

Le rapport des capacités est donc égal à celui des charges. Pour connaître ce dernier, si les charges sont fortes, on emploie le galvanomètre ; on décharge le condensateur à travers le galvanomètre : on a ainsi une pulsion Φ.

On fait la même opération avec le second condensateur : l'arc d'impulsion est Φ'.

Si l'instrument est convenablement adapté à ces mesures, on aura :

$$\frac{C}{C'} = \frac{\Phi}{\Psi}.$$

Cette méthode sert donc à étudier les condensateurs ; elle sert aussi à graduer les galvanomètres qui doivent servir à cette opération : pour cela, on charge le condensateur de capacité connue, C, d'abord avec 1 daniell, puis avec 2, 3, 4,... n daniells, en

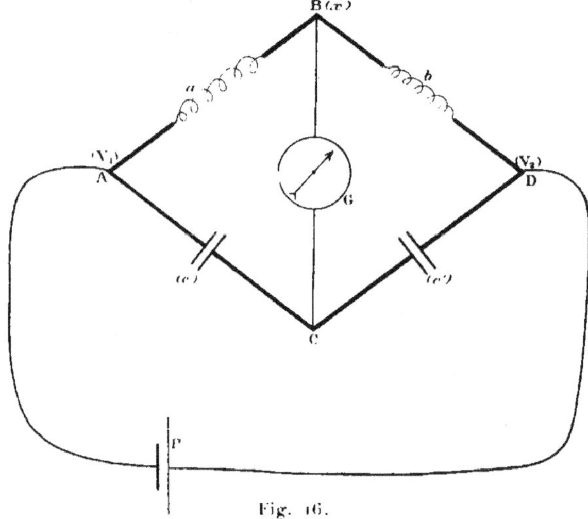

Fig. 16.

mesurant chaque fois les impulsions $\Phi_1, \Phi_2, \Phi_3,\ldots \Phi_n$ déterminées par la décharge ; mais cette méthode n'est pas irréprochable, car la sensibilité du galvanomètre n'est pas constante ; d'ailleurs, on ne peut pas avoir de mesure précise pour une impulsion instantanée.

On remplace donc cette méthode par les méthodes dites de *zéro*.

31. *Méthodes de zéro.* — Étant donné un instrument de mesure, on peut l'utiliser de deux façons :

Ou bien on mesure, à l'aide d'une graduation, la quantité dont l'instrument a varié c'est ce qui arrive, par exemple, dans les dynamomètres ;

Ou bien, par une compensation convenable, on arrive à constater que l'instrument *n'a pas* varié ; c'est ce qu'on nomme une méthode de *zéro* : la double pesée en est un exemple.

Voyons comment nous allons réaliser une telle méthode pour mesurer les capacités des condensateurs :

Soient deux capacités C et C' *fig.* 16 ; avec ces deux capacités et deux résistances connues, a, b, on construit une sorte de pont de Wheatstone ; un courant fourni par une pile P traverse le tout ; si le galvanomètre G ne varie pas, on a la relation :

$$Ca = C'b.$$

Soit V_1 le potentiel en A ; x le potentiel en B ; V_2 le potentiel en D. On a, en appelant I l'intensité du courant :

$$(1) \qquad \begin{cases} I = \dfrac{V_1 - x}{a} \\[2ex] I = \dfrac{x - V_2}{b} \end{cases}$$

Considérons le chemin A C D ; s'il ne passe aucun courant dans le pont BC, la charge d'électricité en C ne change pas, et les charges des deux condensateurs sont égales : désignons par Q leur valeur commune, on aura :

$$(2) \qquad \begin{cases} Q = C (V_1 - x) \\ Q = C' (x - V_2) \end{cases}$$

donc divisant membre à membre

$$\frac{C}{C'} = \frac{x - V_2}{V_1 - x}$$

et à cause des équations 1 :

$$\frac{C}{C'} = \frac{b}{a}$$

d'où :

$$Ca = C'b.$$

c'est bien la relation énoncée.

Un grand avantage de cette méthode est que le galvanomètre peut être pris aussi sensible qu'on veut.

On peut modifier la disposition de l'appareil, comme l'indique la figure 17. L'équation à laquelle on arrive est encore la même.

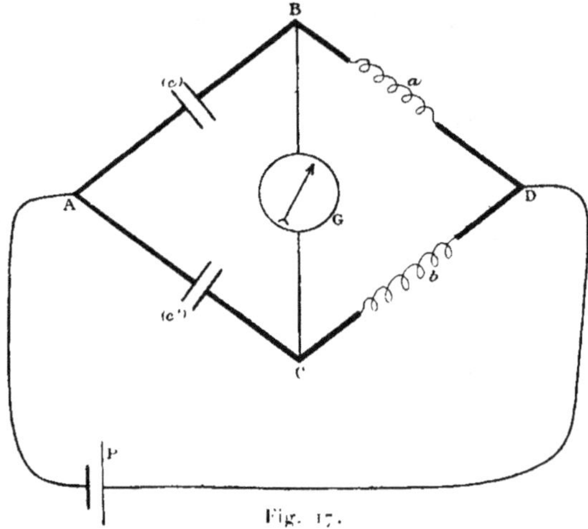

Fig. 17.

On peut d'ailleurs voir sans calcul que le galvanomètre ne déviera pas, car on a le droit de réunir les condensateurs par leurs armatures de même nom, ce qui ne fait que constituer un condensateur de capacité double. L'équation finale restera la même.

Je puis même, plus généralement, mettre entre A et D, $p + q$ circuits égaux comprenant chacun un petit condensateur de capacité c, et une résistance α; en fermant le circuit, ces condensateurs se chargent tous à la fois. Je puis donc sans rien changer réunir les armatures de même nom, c'est-à-dire remplacer le condensateur par un autre plus grand. La résistance α devient alors plus faible :

$$C = pc \qquad C = qc$$

$$\frac{\alpha}{p} = a \qquad \frac{\beta}{q} = b$$

quant à la condition d'équilibre, elle est indépendante de α. Il suffit que l'on ait :

$$Ca = C'b.$$

32. ***Boîtes de condensateurs.*** — Puisque nous savons maintenant comparer deux capacités, nous pourrons construire des boîtes de capacités, comme on construit des boîtes de résistances. Nous formerons divers condensateurs, formés de feuilles d'étain et de papier paraffiné. Ces boîtes sont construites comme il suit :

Une grande feuille d'étain sert d'armature commune à tous les condensateurs ; sur cette feuille est appliquée une feuille de papier paraffiné, et au-dessus de cette feuille on applique les

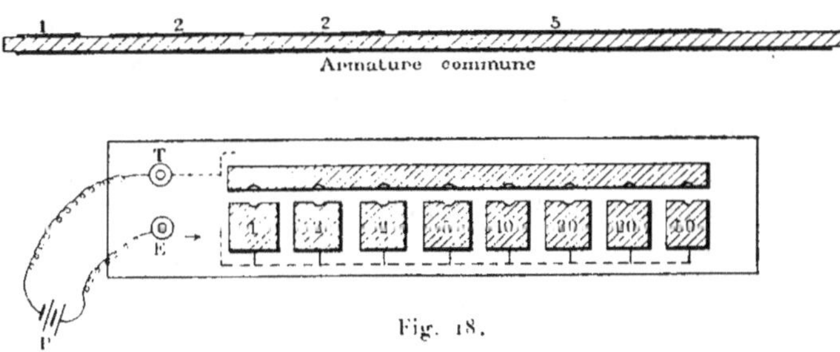

Fig. 18.

feuilles d'étain formant la seconde armature des divers condensateurs ; on les prendra de telle façon que leurs surfaces soient :

$$1, 2, 2, 5, 10, 20, 20, 50,\ldots$$

comme les poids dans les boîtes de poids ; une fiche permet de réunir ces condensateurs et d'obtenir toutes les capacités que l'on veut *(fig. 18)*.

Les capacités des condensateurs ainsi obtenus varient d'une façon discontinue : il peut être utile, dans certains cas, d'avoir des capacités qui varient d'une manière continue, de même que, dans la mesure des résistances, on emploie les rhéostats, appareils dont la résistance varie d'une manière continue. Pour faire varier d'une manière continue la capacité d'un condensateur, on peut, ou bien modifier la distance des deux armatures, ou bien faire varier l'étendue des deux surfaces en regard, en maintenant leur distance constante. C'est à ce dernier procédé qu'on s'est arrêté en pratique, et les constructeurs exécutent, à cet effet, des condensateurs dont les deux armatures glissent le long d'une règle graduée. On gradue ces instruments par comparaison : on a ainsi des repères fixes, dans l'intervalle desquels on admet la continuité de la fonction qui exprime la capacité.

Maintenant que nous savons mesurer les capacités et les différences de potentiels nous pouvons nous procurer électrostatiquement des quantités connues d'électricité.

Comme application, nous allons nous proposer d'évaluer la quantité d'électricité nécessaire pour libérer un milligramme d'hydrogène (il s'agit d'électricité statique).

Faraday le premier s'était posé cette question : il avait employé, pour la résoudre, des décharges de condensateurs, et il arrivait à ce résultat : c'est que pour mettre en liberté un milligramme d'hydrogène contenu dans l'eau, il fallait une quantité d'électricité statique suffisante pour alimenter un orage des régions tropicales. On a trouvé récemment pour valeur de cette quantité :

$$Q = 28 \times 10^{10}$$

Considérons un nuage de 1 kilomètre carré : la force attractive qui s'exerce entre lui et le sol, est :

$$f = 2 \pi \mu^2 S$$

or :

$$\mu = \frac{Q}{S}$$

donc :

$$f = \frac{2 Q \pi^2}{S}$$

remplaçant Q par sa valeur :

$$f = 2 \pi \ 28^2 \ 10^{20} \ 10^{-10}$$

$$f = 50\,000 \text{ tonnes.}$$

Pour calculer Q, on peut prendre un condensateur que l'on décharge n fois par seconde à travers un galvanomètre.

33. *Définition de l'intensité.* — On appelle intensité d'un courant d'électricité dans un conducteur, la quantité d'électricité

qui passe dans ce conducteur pendant une seconde. On aura
donc pour définir l'intensité, la relation :

$$I = \frac{Q}{T}$$

d'où :

$$IT = Q.$$

Plus généralement, dans le cas d'un courant qui varie, on peut
définir l'intensité par le quotient différentiel :

$$I = \frac{dQ}{dT} \, .$$

Quant à l'intensité moyenne entre deux époques T et T_0, elle
est :

$$I = \frac{Q - Q_0}{T - T_0}$$

C'est souvent cette valeur moyenne de l'intensité que l'on considère au lieu du quotient différentiel ; parce que, dans beaucoup
de phénomènes l'électrolyse, par exemple , l'effet produit dépend
de la quantité totale d'électricité qui a passé, et non pas des variations momentanées qu'a pu éprouver cette intensité : tel est aussi
le cas de la déviation constante d'un galvanomètre.

CHAPITRE IV

Forces électromotrices quelconques.

34. La notion de force électromotrice est plus générale que celle de différence de potentiel.

La force électromotrice est la cause qui met l'électricité en mouvement. Il peut exister une force électromotrice sans pour cela qu'il y ait nécessairement différence de potentiel. Un exemple fera comprendre plus facilement ce que nous venons d'énoncer.

Considérons un circuit circulaire ABC (*fig.* 19) au milieu

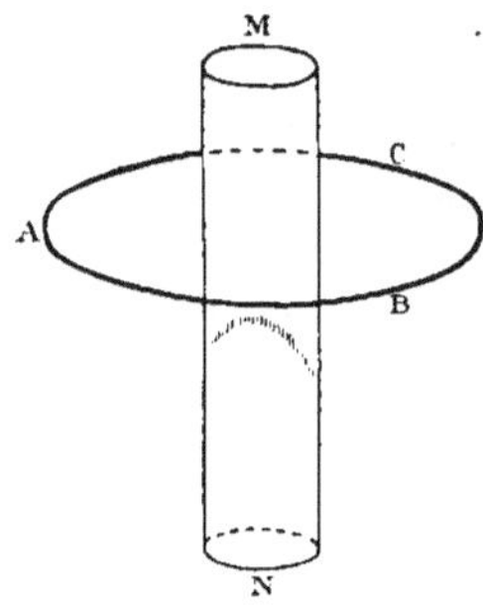

Fig. 19.

duquel se meut un aimant perpendiculaire à son plan, MN. Supposons pour plus de simplicité que le tout, circuit et aimant, soit de révolution autour de l'axe de l'aimant, et que celui-ci glisse le long de son axe : il naît un courant induit dans le circuit annulaire ; et comme tout est symétrique, il n'y a nulle part de différences de potentiel.

Il n'en serait plus de même si nous coupions l'anneau en un point : aux deux extrémités de la coupure s'accumulerait de l'électricité libre. Il naît alors une différence de potentiels. Mais celle-ci n'est pas la cause du mouvement électrique qui l'a produite, elle n'en est que l'effet. Loin de se confondre avec la force électromotrice de l'induction, la différence de potentiels constitue une force électromotrice antagoniste qui arrête le mouvement électrique.

35. *Différence de potentiel au contact de deux corps.* — Un second exemple de force électromotrice distincte de la différence de potentiel et souvent antagoniste de celle-ci se présente dans le cas du contact de deux corps hétérogènes.

Considérons, par exemple, une lame de zinc *(fig.* 20), en contact par une de ses faces avec une couche d'eau ; au voisinage de leur

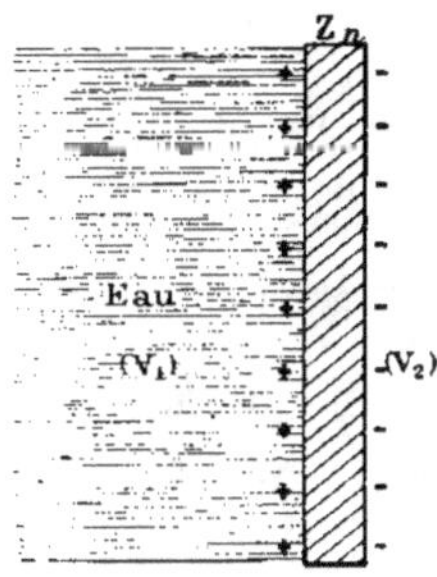

Fig. 20.

surface de contact, il y a une force électromotrice qui dépend de la nature des corps qui se touchent. Si nous considérons du fluide neutre, il est décomposé par la force électromotrice en question, et nous aurons par conséquent deux charges égales et de signes contraires ; par conséquent, du moment où il y a *couche double*, il y a équilibre électrique. En nous reportant à la théorie du condensateur plan, nous savons qu'on a dans ce cas une force F égale à :

$$ F = 4\,\pi\mu. $$

d'autre part, en un point situé dans l'intervalle des deux plateaux le potentiel est :

$$ V_1 - V_2 = 4\,\pi\mu a $$

a étant l'épaisseur de la couche double.

La quantité $4\pi\mu a$ se nomme le *moment de la couche double*, et il y a équilibre.

En effet, nous sommes en présence de trois régions ; dans l'intérieur de l'eau, l'action du zinc est trop éloignée pour qu'elle soit sensible ; de même dans l'intérieur du zinc. L'action ne naîtra donc que sur la face de contact, et elle est due à deux causes ; les charges électrostatiques et les actions électrochimiques.

Comme ici nous avons une région conductrice, la force électromotrice sera représentée par une intégrale de la forme :

$$E = \int e\,dx$$

e étant la force électromotrice élémentaire. E se compose d'un terme qui représente l'action que le zinc et l'eau exercent l'un sur l'autre en vertu de leur action particulière, et de la différence de potentiels qui agit en sens contraire, donc :

$$E = \int e\,dx = \int \varepsilon\,dx - (V_1 - V_2).$$

Pour qu'il y ait équilibre, il faut que la force électromotrice totale E soit nulle ; on aura alors :

$$\int \varepsilon\,dx = V_1 - V_2.$$

Si nous considérons donc une série de corps placés à la file ― c'est le cas des circuits fermés ―, il y a égalité entre la somme des forces électromotrices et la différence de potentiels entre deux points du circuit supposé ouvert. Mais ces deux forces électromotrices sont de nature différente et antagoniste.

36. *Courants électriques ; définition de la résistance*. — On peut, au moyen de la seule différence de potentiels, produire des courants d'électricité dans un conducteur. Il suffit pour cela de réunir par une masse conductrice des corps à des potentiels différents.

C'est à Ohm que l'on doit la première théorie mathématique de ces phénomènes. Il s'est laissé guider par la théorie de Fourier sur la propagation de la chaleur. Fourier avait trouvé que si l'on considère un élément de surface d'un corps dont deux faces sont à deux températures différentes, il y a dans cet élément un flux de chaleur, proportionnel à la différence de température des deux faces. En remplaçant le mot « température » par le mot « tension électrique », Ohm a établi une théorie de la propagation de l'électricité dans les conducteurs.

Mais cette théorie suppose que le fluide électrique s'accumule en quantité variable dans l'intérieur du conducteur, ce qui est inexact.

La théorie exacte du phénomène est due à Kirchhoff : nous allons l'exposer dans ce qui suit.

Considérons *fig.* 21 un élément de volume ABCD, A'B'C'D',

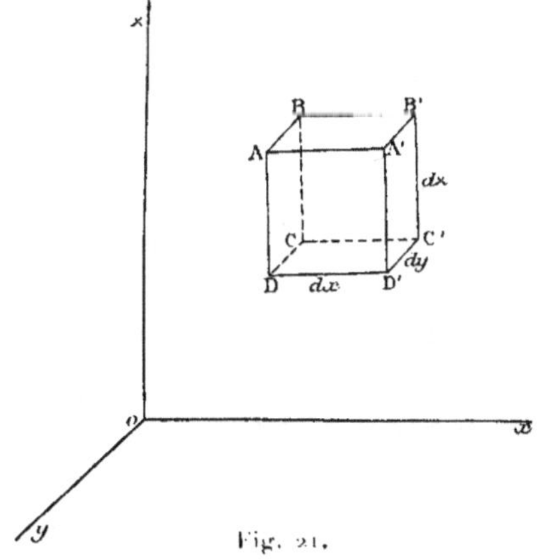

Fig. 21.

formé par un parallélipipède construit sur les longueurs dx, dy, dz. Le volume de ce parallélipipède élémentaire est :

$$dv = dx\,dy\,dz$$

La force électrique qui agit est la force électromotrice d'influence. On a donc :

$$e = -\frac{\partial V}{\partial x}$$

alors la quantité d'électricité traversant la face ABCD dy, dz, a pour expression :

$$q_x = -\frac{\partial V}{\partial x}\,dy\,dz$$

γ étant un coefficient constant qu'on nomme la *conductibilité spécifique*.

La face parallèle, $A'B'C'D'$, donne un flux de même sens, et d'une valeur infiniment voisine ; on l'obtient en remplaçant x par $x + dx$; on a ainsi :

$$\varphi_{x+dx} = \varphi_x + d\,\varphi_x$$

$$\varphi_{x+dx} = \varphi_x - \gamma\,\frac{\partial^2 V}{\partial x^2}\,dx\,dy\,dz.$$

La variation de φ est donc :

$$d\varphi = \varphi_{x+dx} - \varphi_x$$

$$d\varphi = -\gamma\,\frac{\partial^2 V}{\partial x^2}\,dy\,dz\,dx$$

et pour les autres faces :

$$d\varphi_1 = -\gamma\,\frac{\partial^2 V}{\partial y^2}\,dz\,dy\,dx$$

$$d\varphi_2 = -\gamma\,\frac{\partial^2 V}{\partial z^2}\,dx\,dy\,dz$$

ajoutons ces trois équations, nous aurons :

$$(1)\quad d\varphi + d\varphi_1 + d\varphi_2 = -\gamma\,dx\,dy\,dz\left(\frac{\partial^2 V}{\partial x^2} + \frac{\partial^2 V}{\partial y^2} + \frac{\partial^2 V}{\partial z^2}\right)$$

la quantité écrite au second membre représente l'excès de ce qui entre sur ce qui sort pendant l'unité de temps.

Désignons par ρ la densité électrique à l'intérieur de l'élément ; la charge sera, dans le même élément :

$$\rho\,dx\,dy\,dz = m$$

si ρ n'est pas constant, la charge varie ; si, pendant un temps dt, ρ varie d'une quantité $d\rho$, la charge variera d'une quantité dm.

$$(2)\quad \frac{dm}{dt} = \frac{\partial\rho}{\partial t}\,dx\,dy\,dz$$

mais la variation de la charge représente aussi l'excès de ce qui entre sur ce qui sort. Donc nous égalerons les seconds membres des équations (1) et (2) :

$$- \gamma\, dx\,dy\,dz \left(\frac{\partial^2 V}{\partial x^2} + \frac{\partial^2 V}{\partial y^2} + \frac{\partial^2 V}{\partial z^2} \right) = \frac{\partial \rho}{\partial t}\, dx\,dy\,dz$$

supprimant le facteur commun, nous aurons :

$$- \gamma \left(\frac{\partial^2 V}{\partial x^2} + \frac{\partial^2 V}{\partial y^2} + \frac{\partial^2 V}{\partial z^2} \right) = \frac{\partial \rho}{\partial t} \; .$$

Dans le cas où le *régime permanent* est établi, la charge en chaque point est constante, donc alors $\dfrac{d\rho}{dt}$ est nul, et l'on a :

$$\frac{\partial^2 V}{\partial x^2} + \frac{\partial^2 V}{\partial y^2} + \frac{\partial^2 V}{\partial z^2} = 0$$

mais on a vu que l'on a :

$$\frac{\partial^2 V}{\partial x^2} + \frac{\partial^2 V}{\partial y^2} + \frac{\partial^2 V}{\partial z^2} = - 4\,\pi\rho.$$

Il en résulte que $\rho = 0$. *La distribution est donc purement superficielle dans un conducteur parcouru par un courant permanent.*

Il est important de remarquer que si le courant, au lieu d'être permanent, était variable, l'analyse précédente ne s'appliquerait plus. On n'aurait plus $m\Delta V = 0$, ni $\rho = 0$. Dans le cas de courants *variables*, il peut y avoir de l'électricité *libre à l'intérieur* d'un conducteur. On ne peut traiter ici le cas des courants variables, parce qu'il faudrait tenir compte des forces électromotrices d'induction électromagnétique.

L'équation $\Delta V = 0$ s'appelle l'équation de continuité. Cette équation différentielle, jointe aux conditions aux limites données dans chaque cas particulier, détermine complètement le problème. En l'intégrant, on calcule la répartition du potentiel et de l'intensité du courant.

On peut se donner comme conditions aux limites, la forme et la position de conducteurs 1, 2, 3..., qui jouent le rôle d'électrodes, et que l'on suppose maintenus par des sources extérieures à des potentiels invariables V_1, V_2, V_3.... Si la masse conductrice où ils sont plongés est indéfinie, la répartition du potentiel est la même que si ce milieu était isolant. En effet, l'équation $\gamma \Delta V = 0$ qui convient aux corps conducteurs, se réduit à l'équation $\Delta V = 0$ qui convient aux corps isolants, et les conditions aux limites sont les mêmes dans les deux cas.

Il n'en est plus de même si le milieu conducteur, au lieu d'être indéfini, est limité par une surface isolante. Il y a alors de nouvelles conditions aux limites : le flux d'électricité devant être nul à travers la surface, il faut exprimer que les surfaces isopotentielles sont normales en chaque point de la surface du conducteur.

37. ***Propagation dans un fil cylindrique*** *fig.* 22 . — Considé-

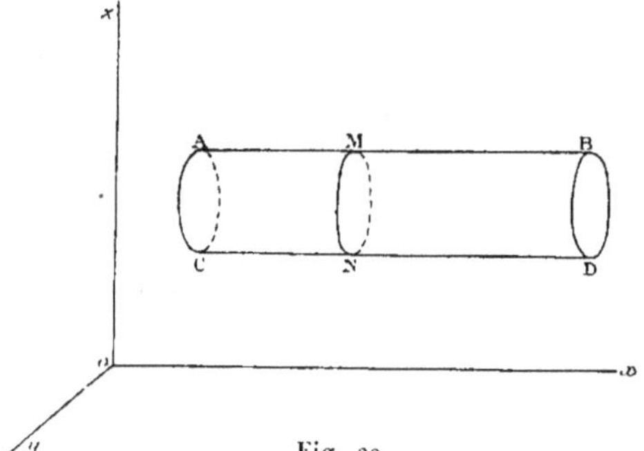

Fig. 22.

rons un fil rectiligne et cylindrique : nous n'avons qu'à reprendre l'équation :

$$\frac{\partial^2 V}{\partial x^2} + \frac{\partial^2 V}{\partial y^2} + \frac{\partial^2 V}{\partial z^2} = 0.$$

L'électricité ne se déplace que dans le sens de l'axe, donc les deux derniers termes sont nuls, et l'équation se réduit à :

$$\frac{\partial^2 V}{\partial x^2} = 0.$$

Intégrons :

$$\frac{\partial V}{\partial x} = \alpha$$

et :

$$V = \alpha x + \beta.$$

Pour déterminer les constantes d'intégration, α, β, donnons-nous le potentiel en deux points : $x = 0$ et $x = l$ *(fig. 23)* ; écrivons qu'au point $x = 0$, le potentiel est V_1 :

$$V_1 = \beta$$

et qu'au point $x = l$, le potentiel est V_2 :

$$V_2 = \alpha l + \beta$$

nous tirons de ces deux équations :

$$\alpha = \frac{V_2 - V_1}{l}$$

l'équation définitive devient donc :

$$(1) \qquad V = \frac{V_2 - V_1}{l} \, x + V_1$$

La répartition de l'électricité dans un fil homogène et cylindrique est donc une fonction linéaire de l'abscisse. On peut

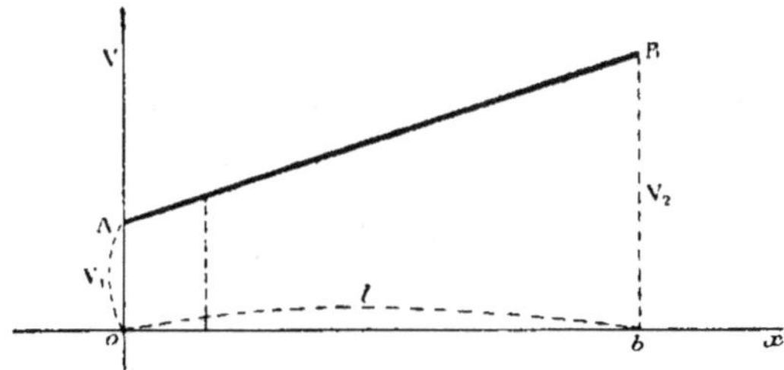

Fig. 23.

donc représenter la variation du potentiel dans le fil, au moyen d'une droite A B, inclinée sur Ox.

On appelle *intensité du courant* la quantité d'électricité qui traverse la section du fil pendant l'unité de temps. Nous savons que, pour une section égale à l'unité, cette quantité est :

$$Q = - \gamma \, \frac{\partial V}{\partial x}$$

pour une section σ, elle sera

$$Q = -\gamma \frac{\partial V}{\partial x} \sigma.$$

c'est, par définition, l'intensité I du courant, on aura donc :

$$I = -\gamma \frac{\partial V}{\partial x} \sigma$$

pour avoir $\frac{\partial V}{\partial x}$, dérivons l'équation (1) ; nous aurons :

$$I = -\gamma \frac{V_2 - V_1}{l} \sigma.$$

On écrit cette quantité sous la forme :

$$I = \frac{V_1 - V_2}{\dfrac{l}{\sigma\gamma}}$$

ou, en posant $\gamma = \dfrac{1}{\rho}$, on l'écrit :

$$I = \frac{V_1 - V_2}{\dfrac{\rho l}{\sigma}}$$

le dénominateur se représente par R ; c'est la *résistance du fil*, on aura donc :

$$(1) \qquad\qquad I = \frac{V_1 - V_2}{R}.$$

cette relation constitue la *loi d'Ohm*. On pourrait aussi l'appeler loi de Kirchhoff, puisque ce savant l'a retrouvée en partant d'autres idées théoriques. La résistance d'un conducteur est une quantité définie de telle façon qu'elle satisfasse à l'équation (1). On considère quelquefois $\dfrac{1}{R}$ comme représentant la *conductibilité*, de sorte que la loi d'Ohm s'énonce ainsi : « L'intensité d'un courant est égale au produit de la force électromotrice par la conductibilité du fil. »

38. *Mesure de la résistance en unités électrostatiques absolues.* — On peut réaliser cette mesure en déterminant les valeurs de I et $V_1 - V_2$ en unités absolues. Mais cette méthode serait d'un emploi très pénible, et il vaut mieux employer la suivante, due à Maxwell :

On prend un condensateur de capacité connue, C, et on le charge avec une pile fournissant une différence de potentiels $V_1 - V_2$: la charge sera :

$$m = C \; V_1 - V_2.$$

Déchargeons l'instrument à travers un galvanomètre : l'impulsion correspond à la charge ; répétons cette opération n fois par seconde : la quantité totale d'électricité qui passe par seconde est :

$$n \; V_1 - V_2 \; C$$

Prenons alors un galvanomètre différentiel, et dans le second circuit mettons le fil de résistance inconnue, R, dans lequel on lance en permanence le courant de la pile. L'intensité du courant dans le second circuit est :

$$I = \frac{V_1 - V_2}{R}.$$

Nous pouvons faire en sorte que ce courant de pile égale celui de la décharge du condensateur ; nous aurons alors :

$$nC \; V_1 - V_2 = \frac{V_1 - V_2}{R}$$

d'où nous tirons :

$$R = \frac{1}{nC}$$

pour connaître n, on peut employer comme interruption un diapason donnant une note donnée, et par conséquent un nombre connu de vibrations.

39. *Répartition des potentiels dans un fil quelconque.* — Si le rayon du fil est négligeable relativement au rayon de courbure du fil supposé courbe, les potentiels se répartissent encore suivant une fonction linéaire des longueurs du fil.

Considérons deux masses conductrices réunies par un fil conducteur *fig. 24* ; si nous ne considérons que les deux surfaces terminales de ces masses, abstraction faite du fil, ces surfaces sont deux surfaces équipotentielles.

Introduisons le fil, mais sans qu'il touche encore les deux surfaces : le fil prendra un potentiel dont la valeur sera intermé-

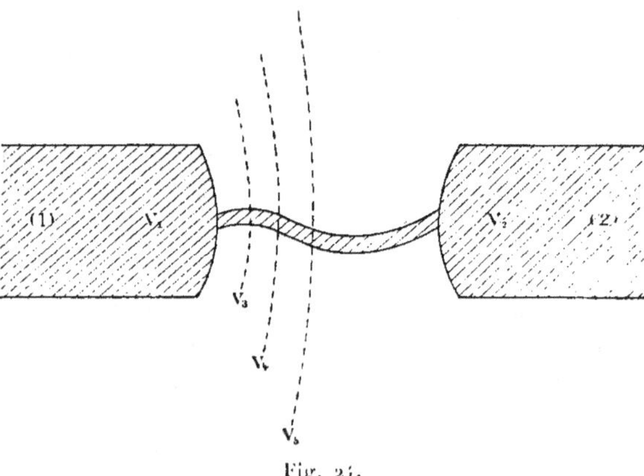

Fig. 24.

diaire entre V_1 et V_2, la surface du fil fera donc partie d'une certaine surface équipotentielle.

Si maintenant nous mettons les deux extrémités du fil en communication avec les deux surfaces terminales des corps (1) et (2),

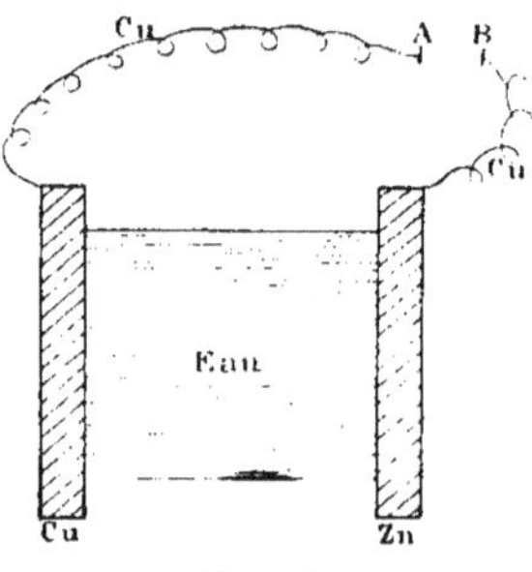

Fig. 25.

les surfaces équipotentielles se déforment de façon à aller retrouver les points de même potentiel à la surface du fil.

Considérons par exemple le cas d'une pile : en circuit ouvert.

on a une certaine différence de potentiels, provenant des forces électromotrices de contact. Fermons le circuit *fig.* 25 : le courant aura une certaine valeur uniforme I dans tout le circuit : cette valeur aura pour expression, dans l'intérieur de chaque corps,

pour l'eau :

$$I = \frac{\alpha - \beta}{r_1}$$

pour le zinc :

$$I = \frac{\alpha' - \beta'}{r_2}$$

pour le cuivre :

$$I = \frac{\alpha'' - \beta''}{r_3}.$$

Tous ces rapports sont égaux ; on aura donc également, en ajoutant :

$$I = \frac{\alpha - \beta + \alpha' - \beta' + \alpha'' - \beta'' + \ldots}{r_1 + r_2 + r_3 + \ldots}$$

ou bien :

$$I = \frac{e + e_1 + e_2 + \ldots}{R}$$

$e, e_1, e_2, \ldots$ étant les diverses forces électromotrices de contact. R étant la résistance totale ; on écrit ordinairement cette équation sous la forme :

$$I = \frac{\Sigma e}{R}$$

c'est la forme ordinaire de la loi d'Ohm.

40. Mesure des forces électromotrices. — Les méthodes que l'on emploie pour la mesure des forces électromotrices sont des applications directes de la loi d'Ohm ; nous allons décrire ici les principales :

41. Potentiomètre de Clark *fig.* 26 . — Considérons un fil xy parcouru par un courant, les potentiels s'y répartissent suivant une fonction linéaire des abscisses.

On prend alors un élément Daniell, et on promène ses deux

pôles le long du fil $x\,y$, jusqu'à ce qu'on ait trouvé deux points A et B tels que l'équilibre existe, c'est-à-dire tels que la différence de potentiel à ces deux points soit égale à celle qui existe aux deux pôles du daniell. On fait ensuite la même opération

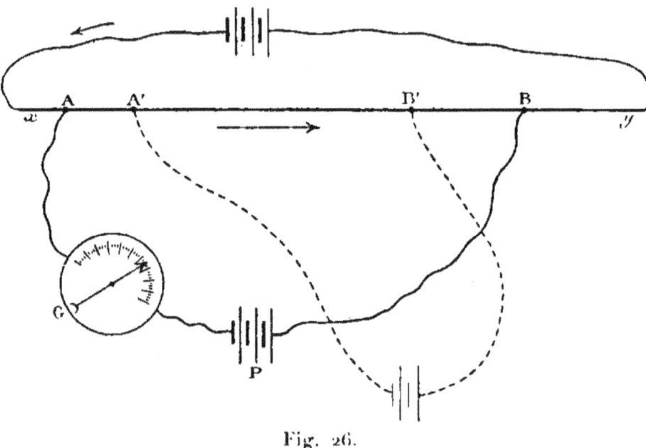

Fig. 26.

avec la seconde pile dont la force électromotrice, X, est inconnue : nous aurons, en appelant D la force électromotrice du daniell :

$$V_1 - V_2 = D$$
$$V'_1 - V'_2 = X$$

or, on a dans le fil :

$$I = \frac{V_1 - V_2}{AB} = \frac{V'_1 - V'_2}{A'B'}$$

par conséquent :

$$\frac{V_1 - V_2}{V'_1 - V'_2} = \frac{A'B'}{AB} \cdot \frac{D}{X}.$$

Pratiquement, on se donne les points A et B, pour le daniell, et on fait avoir aux deux différences de potentiel la même valeur, à l'aide d'un rhéostat.

Pour fournir le courant dans le fil, on emploie l'élément Daniell.

Quant aux autres méthodes, ce ne sont que des variantes de celles que nous venons d'indiquer.

42. *Mesure des résistances en valeur relative*. — La mesure du rapport de deux résistances est une application directe des lois d'Ohm. Nous ne ferons que mentionner le pont de Wheatstone. Nous allons exposer de préférence la méthode de

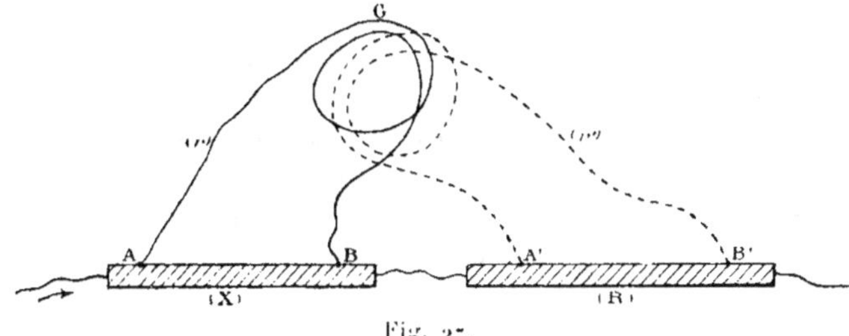

Fig. 27.

Kirchhoff pour la mesure des résistances métalliques très faibles *fig. 27*.

Soient à comparer deux résistances X et R. On les place dans un même circuit ; d'autre part, on prend un galvanomètre différentiel construit d'une manière très symétrique. On met les extrémités de chaque fil en contact avec les deux barreaux. Si l'aiguille reste au zéro, les fractions de dérivation sont égales, et on a alors :

$$\frac{AB}{A'B'} = \frac{r}{r'}$$

L'avantage de cette méthode est de ne pas avoir à tenir compte des résistances des points de raccordement du fil avec les résistances à mesurer.

43. *Résistances liquides*. — La résistance d'un liquide électrolysable ne peut se mesurer comme celle d'un solide : au contact des électrodes qui amènent le courant il se produit des actions chimiques qui donnent lieu à des résistances secondaires ainsi qu'à des forces électromotrices de polarisation ; d'où changement apparent de la résistance à mesurer.

On a imaginé divers artifices pour éliminer ces causes d'erreur. La méthode suivante en est indépendante [1] :

---

[1] G. Lippmann. *C. R.*, t. LXXXIII, 1876.

Le liquide est contenu dans un tube de verre cylindrique de section connue. Il est traversé par un courant de pile d'intensité arbitraire I, en même temps qu'une résistance métallique graduée contenue dans le même circuit. Le tube est percé en deux points A et B de trous très fins qui permettent de mettre les sections droites du tube à ces deux points en communication avec un électromètre. On cherche ensuite sur la résistance métallique deux points A' et B', tels que la différence de potentiel entre A' et B' soit la même qu'entre A et B. On s'assure que cette condition est remplie au moyen d'un commutateur qui substitue rapidement la communication avec A' et B' à celle qui avait lieu avec A et B ; il faut que l'électromètre ne bouge pas quand on fait fonctionner le commutateur. En vertu de la loi d'Ohm on a $XI = RI$, X étant la résistance de la colonne liquide limitée par les sections droites A et B, R la résistance métallique comprise entre A' et B'. Par suite

$$X = R.$$

Cette méthode est complètement indépendante des perturbations qui peuvent se produire aux électrodes qui amènent le courant I à la colonne liquide ; car ces électrodes sont situées en dehors de l'espace A B.

CHAPITRE V

Énergie électrique.

Un système électrisé qui se décharge ou se déforme produit soit du travail, soit de la chaleur, soit d'autres formes de l'énergie. Inversement, pour produire ou pour déplacer des charges électriques, il est nécessaire de dépenser soit du travail, soit de la chaleur, soit quelque autre forme de l'énergie. La quantité totale de travail ou d'énergie mise en jeu est représentée par une fonction dite énergie électrique, que nous allons calculer. Nous conserverons au mot *travail* le sens restreint de travail mécanique.

44. Énergie d'un système de points électrisés à charges constantes. — Soient d'abord deux points électrisés portant des charges électriques *invariables* m et m' et situées à une distance r l'une de l'autre. Si la distance augmente de dr, le travail $d\mathcal{C}$ accompli par la répulsion électrique $\dfrac{mm'}{r^2}$ contre les forces extérieures est

$$d\mathcal{C} = \frac{mm'}{r^2}\, dr.$$

D'autre part, on a $\dfrac{mm'}{r^2}\, dr = -\, d\,\dfrac{mm'}{r}$, parce que les quantités m et m' sont indépendantes de r. En posant donc

$$\mathcal{E} = \frac{mm'}{r}$$

on a

$$d\mathcal{C} = -\, d\mathcal{E}.$$

Plus généralement, si on a n points à charges constantes m, m', m'', et que l'on pose

$$\mathscr{E} = \sum \frac{mm'}{r}$$

on a

$$d\widetilde{\mathscr{C}} = -d\mathscr{E}.$$

On donne à $\mathscr{E}$ le nom d'*énergie électrique*. L'équation précédente signifie donc que le travail produit par le déplacement des points électrisés à *charge constante* a pour mesure la diminution de l'énergie électrique. Inversement, l'accroissement d'énergie dû au déplacement de points électrisés à charges constantes est égal au travail dépensé pour produire le déplacement.

45. *Énergie d'un système de corps conducteurs électrisés.* — Soient m et m' les charges électriques de deux éléments de volume ou de surface du système, r la distance qui les sépare. On appelle énergie électrique du système la somme

$$\mathscr{E} = \sum \frac{mm'}{r} \qquad\qquad (1$$

étendue à tous les points du système. Il faut remarquer que lorsque le système se déforme, les charges m et m' varient en général avec la distribution électrique ; il en est de même si, par des communications appropriées, on charge ou on décharge les conducteurs. Il faut donc considérer les quantités m et m' comme *variables*. La différentielle totale de $\dfrac{mm'}{r}$ est donc

$$d\left(\frac{mm'}{r}\right) = -\frac{mm'}{r^2}\,dr + \frac{m}{r}\,dm' + \frac{m'}{r}\,dm.$$

On a par suite, en faisant la somme de toutes les équations de cette forme et en changeant le signe,

$$-d\sum \frac{mm'}{r} = -d\mathscr{E} = \sum \frac{mm'}{r^2}\,dr - \sum\left(\frac{m}{r}\,dm' + \frac{m'}{r}\,dm\right).$$

Dans cette équation, $-d\mathscr{E}$ est la diminution de l'énergie électrique ; $\sum \dfrac{mm'}{r^2}\,dr$ est le travail $d\widetilde{\mathscr{C}}$ accompli par les forces

de répulsion électrostatiques contre les forces extérieures ; enfin,
le troisième terme $\Sigma \left(\dfrac{m}{r}\, dm' + \Sigma\, \dfrac{m'}{r}\, dm \right)$ est ce que nous
appellerons le terme complémentaire. En résumé, *la diminu-*
tion de l'énergie est égale au travail fourni par les répulsions élec-
trostatiques diminué d'un terme complémentaire, dont il nous reste
à montrer les propriétés et la signification.

On voit d'abord aisément que l'on a

$$\sum \left(\frac{m}{r}\, dm' + \frac{m'}{r}\, dm \right) = V_1 dM_1 + V_2 dM_2 + \ldots = \Sigma V\, dM$$

en désignant par V_1, $V_2 \ldots$ les potentiels des divers conducteurs et par M_1, $M_2 \ldots$ leurs charges électriques. En
effet, si l'on considère un élément P quelconque de surface
ou de volume, la variation dm de la charge de cet élément
est multipliée par la somme de tous les termes de la forme
$\dfrac{m'}{r}$ relatifs à P ; c'est-à-dire par le potentiel V_1 qui a lieu
en P. Si l'on considère un second élément quelconque P′ du
même conducteur, la variation dm' de charge en ce point est,
pour la même raison, multipliée par le potentiel en P′ ; or, ce
potentiel est encore V_1, puisque les deux points appartien-
nent au même conducteur. Par conséquent, la somme étendue à
tous les points du même conducteur est égale à

$$V_1 dm + V_1 dm' + \ldots = V_1 \left(dm + dm' + \ldots \right) = V_1 dM_1.$$

Il en est de même pour tous les corps conducteurs du système.

La somme $\Sigma V dM$ est toujours ou nulle ou négative. En effet,
trois cas seulement peuvent se présenter.

1º Si l'un des conducteurs du système demeure isolé pendant
une variation de l'état du système, sa charge M_1 demeure
constante, la différentielle dM_1 est nulle ; le terme correspondant $V_1 dM_1$ est égal à zéro.

2º Si on établit une communication entre deux conducteurs
au même potentiel, les conditions de l'équilibre électrique ne
sont pas troublées ; les charges ne varient pas. Les termes cor-
respondants sont nuls.

3° Si l'on établit une communication entre des corps de potentiels différents, il y a décharge : l'électricité se porte du corps où le potentiel est le plus élevé vers celui où il est moins élevé. Si $V_1 > V_2$, le terme correspondant est

$$V_1(-dM_1) + V_2 dM_2 < 0.$$

On a donc

$$-d\mathcal{E} = d\mathcal{C} + \Sigma V\,dM. \qquad (2)$$

Les termes dont se compose la somme $\Sigma V\,dM$ ne pouvant être que nuls ou négatifs, il en est de même de cette somme ; donc le terme $-\Sigma V\,dM$ est toujours ou nul ou positif. Donc, d'après l'équation (2) le travail $d\mathcal{C}$ est *au plus égal* à la diminution $-d\mathcal{E}$ de l'énergie électrique. Cette valeur maxima est atteinte quand $\Sigma V\,dM = 0$.

46. *Les conditions du travail maximum sont les mêmes que celles de l'équilibre électrique et de la réversibilité.* — Pour que le terme $\Sigma V\,dM$ soit nul il faut et il suffit que les deux premiers cas examinés plus haut soient seuls réalisés ; il faut et il suffit que les corps conducteurs qui constituent le système demeurent isolés, ou bien, si une communication est établie, qu'elle n'ait lieu qu'entre conducteurs au même potentiel. Si un corps se déforme ou se déplace en demeurant isolé, la distribution électrique obéit à chaque instant aux lois de l'équilibre ; de plus, en renversant le sens du mouvement, on fait repasser la distribution électrique par les mêmes états : le phénomène est réversible. Lorsque l'on établit une communication entre conducteurs au même potentiel, nul mouvement électrique ne se produit ; si, à partir de ce moment, on déforme le système, les conducteurs mis en communication ne forment plus qu'un seul conducteur déformable et isolé ; et l'on rentre dans le cas précédent. En résumé, le travail fourni par une diminution de l'énergie est *maximum* quand la transformation est réversible. Inversement, en changeant les signes, on voit que le travail qu'il faut dépenser pour produire un accroissement de l'énergie électrique est *minimum* quand la transformation est réversible.

Remarque. — On peut rapprocher ce résultat du théorème sur lequel Sadi Carnot a fondé la Thermodynamique : le rendement en travail d'un moteur thermique est maximum lorsque le cycle est réversible. Le cas de la décharge correspond au cas du contact entre deux corps qui sont à des températures différentes.

On eût pu d'ailleurs appliquer aux phénomènes électriques le raisonnement de Sadi Carnot : au lieu de définir les potentiels par leur expression analytique, on eût pu se borner à définir la série des potentiels, comme on définit la série des températures, par une série d'inégalités. Puis on eût montré que toute décharge qu'on laisse se produire correspond à un travail qu'on a négligé de réaliser; les décharges évitées, le cycle est réversible.

On verra d'ailleurs plus loin que l'on peut employer avec avantage pour la représentation des cycles électriques les représentations graphiques employées par Carnot pour les cycles thermiques.

47. *Signification physique du terme complémentaire. Loi de Riess.* — La diminution $-d\mathcal{E}$ de l'énergie électrique est donc égale au travail $d\mathcal{T}$ augmenté de la valeur absolue du terme complémentaire. Ce terme représente donc l'énergie qui n'est pas du travail et qui est mise en jeu par la décharge : chaleur, lumière de l'étincelle, actions chimiques.

Considérons en particulier le cas où il n'y a pas d'autre phénomène que la décharge à travers un fil métallique. De la chaleur seule est produite: le travail $d\mathcal{T}$ est nul et l'on a

$$- d\mathcal{E} = 0 - \Sigma V dM$$

Considérons une batterie dont les armatures sont aux potentiels V_1 et V_2, V_1 étant plus grand que V_2. On a

$$- \Sigma V dM = (V_1 - V_2) dM,$$

d'autre part

$$M = C (V_1 - V_2)$$

C étant la capacité de la batterie. Par suite

$$(V_1 - V_2) dM = \frac{1}{2} dC (V_1 - V_2)^2 = \frac{1}{2} \frac{1}{C} d M^2.$$

Il s'ensuit que la quantité de chaleur dégagée est égale à $\frac{1}{2}C(V_1 - V_2)^2$ et à $\frac{1}{2}\frac{M^2}{C}$. Ces résultats sont conformes aux expériences de Riess, qui ont démontré que la quantité de chaleur dégagée par la décharge d'une batterie est proportionnelle au carré de la charge ainsi qu'au carré de la distance explosive.

48. *Cycles réversibles.* — *Lignes isopotentielles.* — *Lignes d'égales charges.* — Nous allons maintenant étudier quelques cas de transformations d'énergie suivant des cycles réversibles.

Considérons deux *réservoirs électriques*, c'est-à-dire deux corps de grandes capacités : l'un d'eux, par exemple, sera la terre ; considérons un troisième corps de forme et de position variables, que l'on pourra successivement mettre en communication avec les deux réservoirs. Nous aurons, puisque le cycle est réversible :

$$\Delta\mathcal{E} = \mathcal{C}.$$

Supposons que la forme et la position du corps soient définies par une variable x. Portons en abscisses (*fig.* 28) les valeurs de x, en

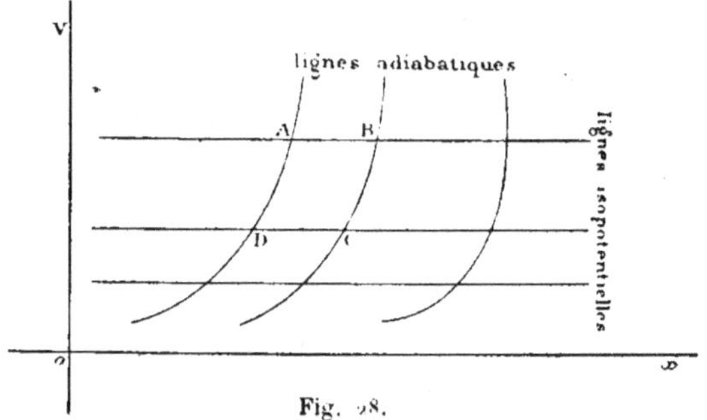

Fig. 28.

ordonnées les valeurs correspondantes de V. Nous aurons ainsi une courbe décrite par le point représentatif de l'état du corps. Si le corps est mis en communication avec la terre, V est constant, la courbe est une droite parallèle à l'axe des x. La série de *courbes isopotentielles* est donc constituée par des droites parallèles à Ox.

Au lieu de faire varier x en laissant le corps en communication avec la terre, on peut, pendant ce temps, le laisser isolé. C'est alors la charge qui demeure constante ; le potentiel varie, et on obtient des courbes particulières nommées lignes *adiabatiques* ou *de charge constante*.

Cela posé, constituons un cycle fermé au moyen de deux portions d'isopotentielles et de deux portions d'adiabatiques ; soit ABCD un cycle ainsi constitué ; il est réversible, car chacune de ses parties est réversible séparément. On voit qu'il est l'analogue d'un cycle de Carnot.

49. *Exemples de cycles. — Électrophore.* — On peut faire décrire un de ces cycles par un électrophore. Soit un électro-

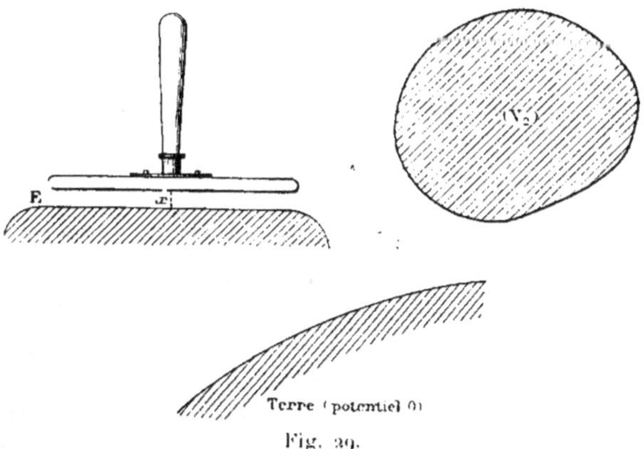

Fig. 29.

phore (*fig.* 29) formé d'un gâteau de résine électrisé négativement, et d'un plateau conducteur supporté par un manche isolant. Nous prendrons comme paramètre variable la distance x qui sépare la surface supérieure du gâteau de la face inférieure du plateau, en supposant que ces surfaces restent toujours parallèles.

Supposons le plateau en communication avec la terre ; alors, $x = b$, $V = 0$. Le point figuratif est A (*fig.* 30).

Rapprochons le plateau du gâteau électrisé ; x diminue, et si nous avons soin de maintenir pendant ce temps la communication du plateau avec la terre, V reste constant. Donc le point A se meut de droite à gauche sur la droite AV_1 ($V_1 = 0$).

Une fois au point B, supprimons la communication avec la terre ; alors $x = a$, V augmente : le point figuratif décrit donc une adiabatique à mesure qu'on éloigne le plateau de nouveau, et nous avons la courbe BC ; cette adiabatique va en montant, autrement dit, le potentiel augmente, car le plateau a une charge négative ; la distance r augmente : par conséquent les termes négatifs du potentiel diminuent ; la courbe montera donc jusqu'au

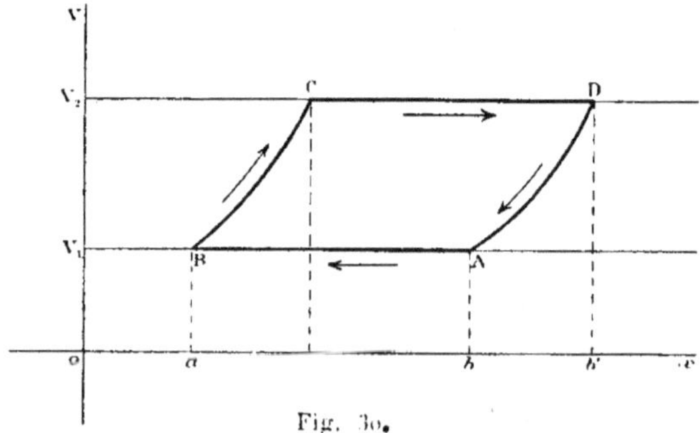

Fig. 30.

moment où nous mettrons le plateau en communication avec le second corps au potentiel V_2 : ensuite, le potentiel demeurera constant ; nous aurons une droite V_2CD parcourue de gauche à droite, et, si nous continuons à éloigner le corps, nous arriverons ainsi à un point D. Nous isolons alors le plateau et nous le rapprochons : le point décrit la courbe DA. La différence des travaux ainsi effectués est le travail total $\mathcal{C}$; nous sommes dans un cas où l'on a :

$$\mathcal{C} = \Delta \mathcal{E}.$$

Le cycle parcouru étant réversible, nous pourrions le parcourir en sens inverse ; nous aurions alors un travail *moteur*.

L'équation des courbes adiabatiques ou de charge constante s'obtient facilement si l'on admet que la charge du plateau mobile se réduit à la charge M accumulée sur sa face inférieure. On a, d'après la formule du condensateur plan :

$$M = \frac{VS}{4\pi x}$$

pour $M = $ constante, V est proportionnel à x : l'équation précédente représente donc, pour chaque valeur de M, une droite qui passe par l'origine.

Si l'on tient compte, au contraire, de la charge accumulée sur le reste de la surface du plateau, il faut ajouter au second membre de l'équation précédente une fonction de x, et les lignes adiabatiques cessent d'être des droites.

Au lieu du plateau d'un électrophore, on peut employer comme conducteur variable un corps déformable (une sphère de

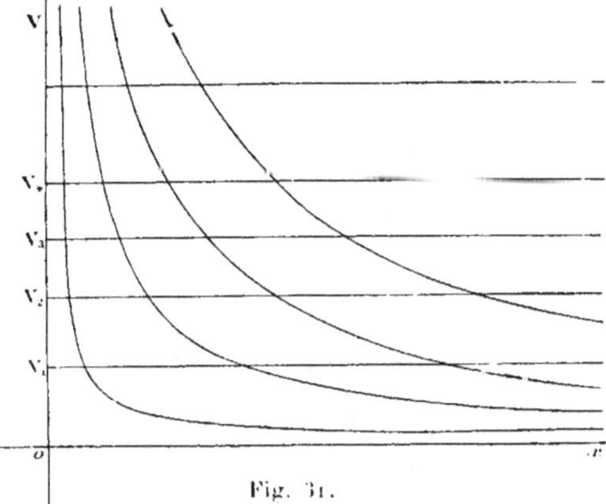

Fig. 31.

rayon variable, une bulle de savon que l'on peut gonfler ou dégonfler). Soit x le rayon de cette sphère et sa capacité. Les lignes isopotentielles sont toujours des lignes droites parallèles à l'axe des x. Les lignes adiabatiques sont définies par l'équation :

$$V = \frac{M}{x}$$

équation qui représente une série d'hyperboles équilatères ayant pour paramètres les valeurs de M (*fig.* 31).

Supposons maintenant que la capacité du conducteur sur lequel on décharge le corps mobile ne soit pas infinie, que ce ne soit plus un réservoir, mais que le potentiel y augmente en même temps que la charge.

Prenons pour corps mobile, comme précédemment, un électrophore : l'abscisse x (*fig.* 32), paramètre variable, représentera comme plus haut la distance du plateau au gâteau ; elle variera entre deux limites, a et b.

Rapprochons le plateau en maintenant la communication avec

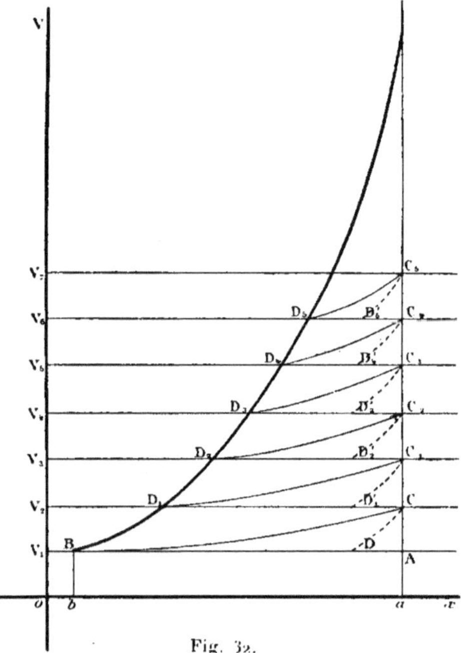

Fig. 32.

la terre : le point figuratif décrit ainsi la droite AB. Supposons que le corps que l'on charge soit une batterie de condensateurs : isolons-le et établissons la communication avec la batterie ; en soulevant le plateau, le potentiel croît, pour la même raison que plus haut ; on aura donc une courbe BC, jusqu'à l'éloignement maximum, C. Arrivé à ce point, supprimons la communication avec la batterie et abaissons le plateau ; le point décrit alors une courbe CD ; en D rétablissons la communication avec la terre, nous parcourons alors le segment DB ; en B éloignons le plateau et isolons-le, nous parcourons une portion

d'adiabatique DD₁; à partir de D₁ nous recommencerons sur
l'isopotentielle D₁ D'₁, le même cycle d'opérations; et ainsi de
suite, en remontant de proche en proche jusqu'au point K.
L'expérience que nous venons de décrire est réversible : on peut
réaliser, avec un électrophore dont le plateau est équilibré à

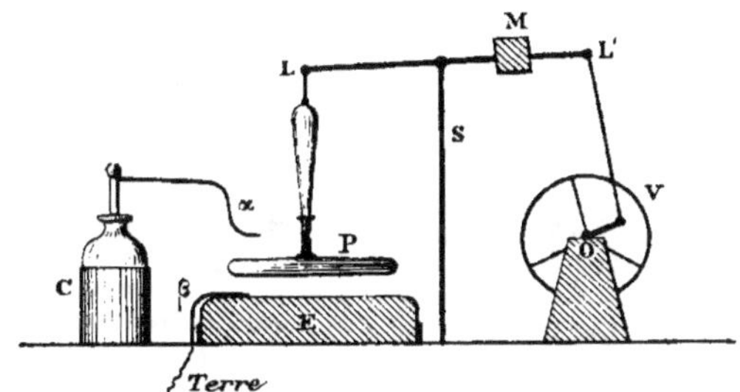

Fig. 33.

l'aide d'un contrepoids et se relie par une bielle à un petit volant,
un véritable *moteur électrostatique* (*fig.* 33).

50. *Calcul des forces et des couples en fonction de l'énergie.*
— Soient dx_1, dx_2, dx_3... des déplacements infiniment petits des
points d'un système électrisé. Soient f_1, f_2, f_3, les forces mécaniques
extérieures qui, appliquées en ces points, et comptées suivant les
déplacements dx_1, etc., sont capables de faire équilibre aux
forces électrostatiques. On a

$$-d\mathcal{U} = f_1 dx_1 + f_2 dx_2 + \dots$$

par conséquent

$$f_1 = -\frac{\partial \mathcal{U}}{\partial x_1}, \quad f_2 = -\frac{\partial \mathcal{U}}{\partial x_2}, \text{ etc.}$$

donc

$$f_1 = \frac{d\mathcal{E}}{dx_1}, \quad f_2 = \frac{\partial \mathcal{E}}{\partial x_2}, \text{ etc.}$$

On obtient donc l'expression des forces en calculant les
dérivées partielles de l'énergie.

On exprime d'une manière analogue les couples dus aux
actions électrostatiques. Désignons par $f \cdot l$ et $d\alpha$ une force, un

bras de levier et un déplacement angulaire infiniment petit autour de l'axe de rotation correspondant. On a : $-d\mathcal{C} = fl\,d\alpha$ (*fig.* 34), ou $-d\mathcal{C} = M\,d\alpha$, M étant le moment fl. D'où

$$M = \frac{\partial \mathcal{C}}{\partial \alpha}.$$

Comme première application de ces théorèmes, calculons

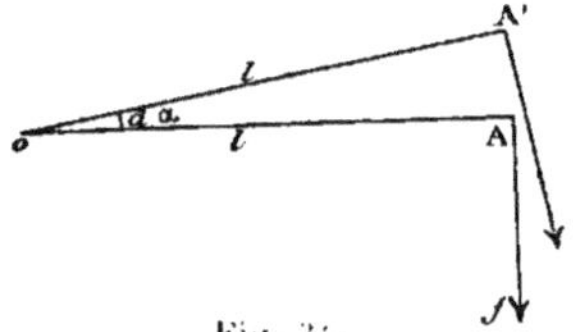

Fig. 34.

l'attraction qui s'exerce entre les plateaux parallèles d'un condensateur plan. On a :

$$\mathcal{C} = \frac{1}{2}\, C\, (V - V')^2 = \frac{(V - V')^2 S}{8\pi e}$$

d'où, en dérivant par rapport à e

$$F = \frac{(V - V')^2 S}{8\pi e^2}.$$

Comme deuxième application, nous allons calculer le couple moteur et la sensibilité de *l'électromètre à quadrants*.

51. *Électromètre à quadrants de Lord Kelvin* (*fig.* 35). —

L'électromètre à quadrants de Lord Kelvin se compose essentiellement d'une boîte plate divisée en quatre secteurs égaux, isolés les uns des autres. A l'intérieur de cette boîte peut se mouvoir, dans un plan parallèle à celui de ses faces, une aiguille très légère, ayant la forme d'un double secteur circulaire (*fig.* 35) (et non pas en forme de 8, comme on le dit généralement).

Pour calculer la sensibilité de l'électromètre, remarquons que le moment du couple antagoniste est fonction de l'angle de rotation α.

Nous pourrons donc, en vertu de la formule (1), arriver à calculer la valeur de ce couple résultant par une différentiation.

Les secteurs opposés par le sommet communiquent métalliquement entre eux et sont isolés des deux autres.

Pour étudier l'instrument, remarquons qu'il est symétrique

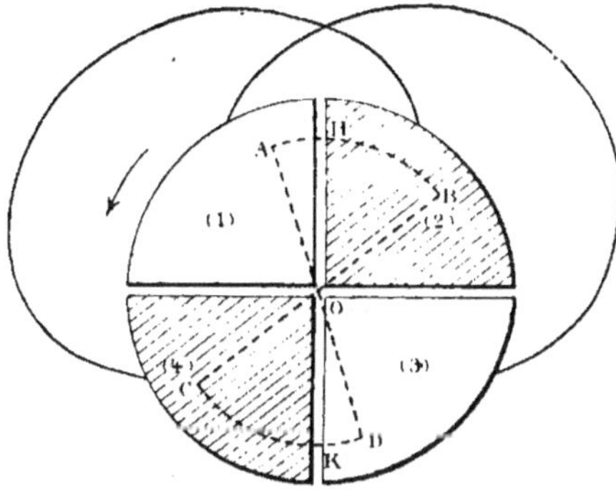

Fig. 35.

autour du centre et qu'il nous suffit d'en étudier la moitié; nous le supposerons donc ramené à sa plus simple expression : il se réduira alors *(fig. 36)* à une aiguille taillée en quart de cercle, OABCD, mobile autour du point O entre deux quadrants (1 et (2 :

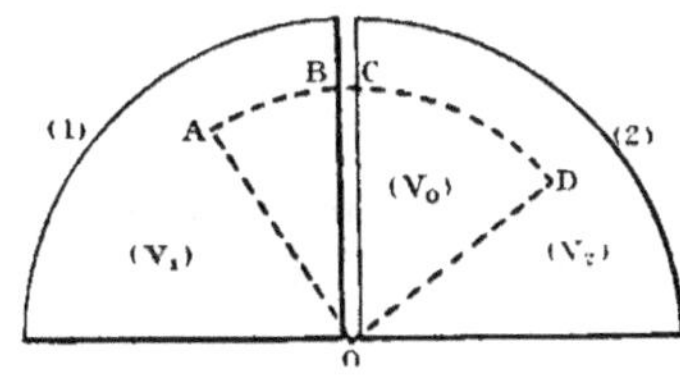

Fig. 36.

lê quadrant 1 est mis en communication avec une source au potentiel V_1; le quadrant 2 avec une source au potentiel V_2. Quant à l'aiguille, elle est mise, par l'intermédiaire de sa suspension qui est métallique, en communication avec une source au potentiel V_0. L'aiguille est alors attirée par l'un des quadrants et repoussée par l'autre.

Calculons l'énergie du condensateur plan formé par l'aiguille et une des faces des quadrants.

Soit S la surface AOB de l'aiguille comprise sous le quadrant (1); l'énergie correspondante sera :

$$\mathcal{E}_1 = \frac{(V_0 - V_1)^2}{8\,\pi a}\,S$$

a étant la distance qui sépare l'aiguille de la face du quadrant.

On aura de même pour le second quadrant, en désignant par S′ la surface OCD de l'aiguille comprise sous le second quadrant :

$$\mathcal{E}_2 = \frac{(V_0 - V_2)^2}{8\,\pi a}\,S'.$$

en supposant le potentiel V_0 assez grand pour qu'il soit toujours supérieur aux deux potentiels V_1 et V_2.

Nous avons donc :

$$d\mathcal{E} = \frac{(V_0 - V_1)^2}{8\,\pi a}\,S + \frac{(V_0 - V_2)^2}{8\,\pi a}\,S'.$$

Pour avoir le moment, il faut exprimer l'énergie $\mathcal{E}$ en fonction de l'angle α; S varie avec α, quand l'aiguille tourne de $d\alpha$. La quantité dont croît S est égale à celle dont décroît dS'.

Nous aurons donc :

$$dS = -\frac{1}{2}\,R^2 d\alpha$$

$$dS' = \frac{1}{2}\,R^2 d\alpha.$$

Remplaçant S et S′ par ces valeurs dS et dS' dans l'expression de $d\mathcal{E}$, et divisant par $d\alpha$, nous aurons :

$$\frac{d\mathcal{E}}{d\alpha} = \frac{-\dfrac{1}{2}R^2}{4\,\pi a}\left[(V_0 - V_1)^2 - (V_0 - V_2)^2\right]$$

donc :

$$\mathfrak{M} = \frac{-\dfrac{1}{2}R^2}{4\,\pi a}\left[2(V_1 - V_2)V_0 + V_1^2 - V_2^2\right]$$

$$\mathfrak{M} = \frac{-\dfrac{1}{2}R^2(V_1 - V_2)}{4\,\pi a}\left[2V_0 + V_1 + V_2\right]$$

Si V_0 est très grand relativement à V_1 et à V_2, on peut négliger V_1 et V_2 vis-à-vis de V_0; on aura donc approximativement :

$$\mathfrak{M} = \frac{- R^2 V_0 (V_1 - V_2)}{4 \pi a}.$$

Cette expression nous montre que pour augmenter la sensibilité de l'instrument, il faut augmenter le rayon de l'aiguille, R, accroître le potentiel V_0 de l'aiguille, et diminuer la distance a qui sépare l'aiguille des quadrants.

Pratiquement, on ne peut pas faire croître indéfiniment le rapport $\frac{V_0}{a}$. Il faut d'abord éviter que l'étincelle n'éclate entre l'aiguille et les quadrants. En outre l'aiguille ne peut pas être construite exactement plane ni maintenue parallèle aux faces des quadrants. Il y a toujours de petites dyssimétries de construction, et, par suite, des forces perturbatrices dues à des attractions électrostatiques; ces perturbations croissent rapidement avec le rapport $\frac{V}{a}$, et peuvent arriver à diminuer la sensibilité et la précision de l'instrument.

On augmente la sensibilité de l'instrument en donnant à l'aiguille la forme d'un double secteur, et en employant comme quadrants fixes la boîte circulaire plate représentée (*fig.* 35). afin de faire agir sur l'aiguille les deux faces de chaque quart de la boîte circulaire.

Dans la théorie donnée plus haut, on suppose que la densité électrique est uniforme, tant sur l'aiguille que sur les faces opposées des quadrants. Il n'en est rien, et la variation de densité est surtout notable le long des bords de l'aiguille.

Mais il est facile de voir que l'accroissement de charge qui a lieu le long des bords rectilignes de l'aiguille n'introduit dans la valeur de Σ qu'un terme indépendant de z et qui disparaît dans la différentiation. Quant à la perturbation qui a lieu le long du bord circulaire de l'aiguille, elle n'introduit qu'un terme proportionnel à R; ce qui en revient à corriger la valeur de R, et ne change pas la forme de l'expression de M.

52. *Constance de V_0*. — Pour assurer la constance du potentiel V_0 auquel est portée l'aiguille, Lord Kelvin emploie les mêmes moyens que dans l'électromètre absolu ; l'instrument tout entier est placé dans une cage métallique contenant une *jauge* servant à constater la constance de V_0. Quand la jauge accuse une variation de V_0, on corrige cette variation avec un *Reproducteur* identique à celui de l'électromètre absolu.

Pour observer commodément les petites variations de l'instrument, l'aiguille porte un miroir ; un rayon lumineux tombe sur ce miroir et va se réfléchir en faisant une tache lumineuse sur une règle graduée. Quand le miroir tourne d'un angle α, le rayon réfléchi tourne d'un angle 2α, et les petits déplacements sont facilement accusés sur la règle.

On peut faire varier à volonté la sensibilité de l'instrument : pour cela on peut employer deux procédés :

1° On peut faire varier la valeur du potentiel V_0.

2° On peut faire varier la sensibilité de la torsion : ce procédé se trouve plus facilement applicable dans la pratique, au moyen du système de suspension dite *suspension bifilaire*. Dans ce système, si l'on veut faire varier la sensibilité de la torsion, on rapproche les deux fils, qui ont d'ailleurs toujours la même tension, car ils passent sur une poulie très petite placée sur le support de l'appareil.

La sensibilité pouvant être réglée à volonté, il faut encore pouvoir régler l'instrument lui-même :

Pour cela, l'un des quadrants est mobile au moyen d'une vis à tête divisée. Au moyen de tous ces dispositifs, on arrive à une sensibilité bien supérieure à celle de l'électromètre absolu de Lord Kelvin.

M. Mascart a cherché à simplifier l'électromètre à quadrants, tout en lui conservant ses qualités essentielles, de façon à en faire un instrument de mesures pratiques.

Il a substitué à la suspension bifilaire un simple fil de torsion : le replenisher et la jauge sont supprimés. Ils sont remplacés par une pile de 100 à 400 éléments dont un des pôles est à la terre.

Tout l'instrument est de plus enveloppé dans une boîte métallique jouant le rôle d'écran électrique ; une petite ouverture laisse passer un rayon lumineux tombant sur le miroir mobile.

53. *Dimensions des unités électrostatiques absolues.* — Après avoir obtenu l'expression numérique d'une grandeur électrique en fonction des unités fondamentales C. G. S, on peut vouloir transformer l'expression obtenue, c'est-à-dire trouver sa valeur en fonction d'un autre système d'unités fondamentales, ou inversement. Il faut donc connaître le module de transformation; autrement dit, les formules de dimension (*voir* § 5) des unités électrostatiques absolues.

La quantité d'électricité Q est la seule grandeur que l'on définisse directement dans le système électrostatique. Les autres grandeurs électriques sont définies en fonction de Q. Le potentiel V est le quotient de Q par une distance, c'est-à-dire par une longueur; on a donc $V = \dfrac{Q}{L}$. De même, l'intensité d'un courant est la quantité d'électricité qui passe par unité de temps; c'est le quotient de Q par le temps.

La résistance a été définie comme le quotient de la différence de potentiel par l'intensité; la capacité comme le quotient de la charge par le potentiel. On a donc les relations

$$V = \frac{Q}{L}; \quad I = \frac{Q}{T}; \quad R = \frac{V}{I}; \quad C = \frac{Q}{V}.$$

Or Q est défini par cette condition que le produit de deux quantités d'électricité divisé par le carré de la distance soit égal à la force répulsive F. Cette équation de définition est de la forme

$$\frac{Q^2}{L^2} = F$$

on a donc $Q = L\sqrt{F}$ pour formule de dimension de Q. Les dimensions des unités dérivées V, I, R, C se déduisent de ce résultat. On peut laisser en évidence le module F de la force, ou bien remplacer ce module par sa valeur $\dfrac{ML}{T^2}$. On a ainsi le tableau suivant :

$$
\begin{aligned}
\text{Quantité d'électricité} \quad & Q = L\sqrt{F} = M^{\frac{1}{2}} L^{\frac{3}{2}} T^{-1} \\
\text{Potentiel} \quad & V = \ \sqrt{F} = M^{\frac{1}{2}} L^{\frac{1}{2}} T^{-1} \\
\text{Intensité} \quad & I = L\sqrt{F}\,T^{-1} = M^{\frac{1}{2}} L^{\frac{3}{2}} T^{-2} \\
\text{Résistance} \quad & R = TL^{-1} \\
\text{Capacité} \quad & C = L.
\end{aligned}
$$

La résistance spécifique ρ d'une substance est la résistance d'une masse cubique de cette substance ayant l'unité de longueur pour côté. Si le conducteur employé, au lieu d'être cubique, est un cylindre de section s et de longueur l, on a pour sa résistance

$$R = \rho \, \frac{l}{s},$$

et pour formule de dimensions, $R = \rho L^{-1}$ ou $\rho = LR$. On a vu que $R = TL^{-1}$. La formule de dimensions de ρ est donc, en unités électrostatiques :

$$\rho = T.$$

54. *Emploi des formules de dimensions. Critérium de la simplicité d'une méthode.* — Les formules de dimensions donnent la valeur du module de transformation pour un résultat numérique obtenu en fonction des modules des unités fondamentales. Ainsi l'on a pour la capacité $C = L$; cela veut dire qu'il faut transformer l'expression numérique d'une capacité comme on le ferait pour l'expression numérique d'une longueur, lorsqu'on change l'unité de longueur.

Ces formules ont encore une autre utilité : elles indiquent de quelles unités fondamentales dépend une mesure électrique et aussi de quelles unités elle ne dépend pas.

Ainsi on a $C = L$; il en résulte qu'on peut réduire la mesure d'une capacité à des mesures de longueur : les unités de temps, etc., qui ne figurent pas dans la formule n'interviennent pas dans la détermination, ou bien les grandeurs correspondantes n'interviennent que par leurs rapports.

De même on a trouvé $V = \sqrt{F}$. Il est donc possible de mesurer un potentiel en mesurant seulement une force, et sans que l'on ait à s'occuper de l'unité de longueur. Et en effet on a vu que le potentiel communiqué à un électromètre sphérique a pour valeur

$$V = \sqrt{8F}$$

F étant la force répulsive qui s'exerce entre les deux hémisphères ; le rayon de la sphère n'intervient pas.

De même encore, si l'on emploie l'électromètre absolu de Lord Kelvin, on a

$$F = \frac{(V - V_1)^2 S}{8 \pi e^2}.$$

Les longueurs n'interviennent que par leurs rapports : le quotient $\dfrac{S}{e^2}$ ne dépend pas du choix de l'unité de longueur ; deux électromètres géométriquement semblables ont la même constante.

Considérons l'équation de dimension $\rho = T$. Cette équation exprime que l'expression numérique de ρ ne dépend que du choix de l'unité de temps. La résistance spécifique d'une substance quelconque — le mercure, par exemple — est une fraction de l'unité de temps employée. Ainsi, pour le mercure, $\rho = 1,0688.10^{-16}$ secondes. Inversement, la seconde est égale à $9,3.10^{15}$ fois ρ. On obtient donc la seconde, qui est une unité arbitrairement choisie, en fonction de ρ qui est une constante spécifique, comme on le ferait en fonction d'un intervalle de temps. On peut donc considérer ρ comme une *unité absolue de temps*, au même titre que la durée de vibration des rayons rouges émis par la vapeur de cadmium ou de mercure.

55. *Application d'une formule de dimensions à la mesure absolue du temps.* — Nous allons démontrer que l'on peut prendre la constante spécifique ρ comme unité de temps, et qu'il est possible de réaliser un appareil chronométrique fondé sur ce principe.

Pour mesurer une résistance R en unités électrostatiques absolues, on emploie le dispositif suivant. Entre les pôles d'une pile présentant la différence de potentiel V, on intercale deux circuits parallèles (1) et (2). Le circuit (1) contient la résistance R ; il est donc parcouru par un courant d'intensité constante $I = \dfrac{V}{R}$. Le circuit (2) contient un condensateur de capacité C ; il contient en outre un commutateur tournant, animé d'une vitesse de rotation uniforme, que l'on peut graduer. Ce commutateur charge et décharge le condensateur à des intervalles de temps réguliers θ. Les circuits contiennent les deux bobines d'un galvanomètre différentiel. On règle la vitesse de rotation et l'intervalle de temps θ de manière que l'aiguille du galvanomètre reste au zéro. Il faut pour l'équilibrer que les quantités d'électricité qui traversent les deux circuits pendant le même temps soient égales. Pendant le temps θ la quantité d'électricité qui traverse le circuit (1) est $I\theta = \dfrac{V}{R}\theta$; pendant le même temps, le circuit (2) est parcouru par une décharge du condensateur, c'est-à-dire par la quantité d'électricité VC. Il faut donc pour l'équilibrer que $\dfrac{V\theta}{R} = VC$; en supprimant le facteur V, l'équation d'équilibre est donc

$$\theta = CR. \tag{1}$$

Le condensateur C est formé de deux glaces planes argentées parallèles, de surface S, et séparées par un petit intervalle e. On obtient avec précision l'intervalle e en employant une argenture transparente, et en produisant entre les surfaces en regard le phénomène des franges de Fizeau. On a donc

$$C = \frac{S}{4\pi e}$$

d'autre part

$$R = \rho\,\frac{l}{s}$$

l étant la longueur, s la section de la résistance employée. D'où, en substituant dans (1)

$$\theta = \rho\,\frac{S \times l}{s \times e}. \tag{2}$$

Le facteur de ρ est connu : c'est un nombre abstrait, indépendant en particulier du choix de l'unité de longueur, car il ne contient que le rapport de deux longueurs et le rapport de deux surfaces. Le temps θ est donc un multiple de la constante spécifique ρ.

Supposons d'abord, et pour fixer les idées, que θ soit d'autre part mesuré en fonction de la seconde : l'équation (2) donne dès lors le rapport de la seconde à ρ. Si ρ se rapporte au mercure, on trouve ainsi que 1 seconde vaut $9,3 \times 10^{15}$ fois ρ. La constante ρ

est donc une unité avec laquelle on peut exprimer la seconde ; on peut de même exprimer en fonction de ρ tout autre intervalle de temps ; ρ est une unité absolue, car elle ne dépend d'aucune convention ; c'est une constante spécifique qui définit un intervalle de temps.

Il peut paraître singulier, au premier abord, qu'une résistance spécifique puisse être considérée comme un intervalle de temps. Mais il faut remarquer que la résistance d'un conducteur est la propriété qu'il possède de ralentir la décharge, de faire durer le passage de chaque unité d'électricité pendant un temps plus ou moins long. C'est le point de vue où se plaçait Riess, qui, à une époque où l'on ne savait pas mesurer les résistances, les mesurait néanmoins en tant que durées imposées à la décharge. A ce point de vue, l'appareil décrit plus haut est une sorte de clepsydre à électricité : clepsydre absolue, parce que sa constante se trouve être une constante spécifique.

Le commutateur tournant décrit plus haut constitue un chronomètre absolu. D'abord, sa vitesse étant réglée de manière à maintenir l'aiguille au zéro, cette aiguille dévie soit à droite, soit à gauche, dès que la vitesse varie si peu que ce soit par excès ou par défaut. L'appareil se contrôle donc lui-même, et cela avec une extrême précision, qui n'est égalée par aucune autre méthode : les méthodes des coïncidences, du diapason inscripteur et la méthode stroboscopique sont loin d'avoir la même sensibilité [1] En montant sur l'axe tournant une minuterie, on peut lire comme sur une horloge des intervalles de temps quelconques. Enfin, la constante de l'appareil est connue par construction. Le nombre de touches conductrices qui déchargent le condensateur étant de p sur la circonférence, chaque tour de l'axe dure $p\,\dfrac{sl}{se}$ unités de temps absolues.

---

[1] L'expérience en a été faite plusieurs fois au laboratoire des recherches de la Sorbonne, notamment par M. Limb et M. Guillet.

DEUXIÈME PARTIE

SYSTÈME ÉLECTROMAGNÉTIQUE

DEUXIÈME PARTIE

SYSTÈME ÉLECTROMAGNÉTIQUE

CHAPITRE PREMIER

Définition.

Tandis que le système électrostatique absolu est fondé sur la mesure des actions régies par la loi de Coulomb, le système électromagnétique, que nous allons étudier, est fondé sur la mesure de l'action exercée par le courant sur l'aiguille aimantée. On définit d'abord les quantités de magnétisme et le champ magnétique, en se servant de la méthode inventée par Gauss. Ensuite on définit successivement l'intensité électromagnétique i du courant et la force électromotrice e, qui est une force électromotrice d'induction. Des définitions directes de i et de e on déduit ensuite les définitions de la quantité d'électricité q, de la résistance r, de la capacité c. Le système électromagnétique ainsi constitué repose donc sur les travaux de Gauss complétés par Weber, Kirchhoff et Lord Kelvin.

56. *Quantités de Magnétisme.* — On définit les quantités de magnétisme par leurs actions réciproques à distance. On prend pour unité de fluide boréal la quantité de ce fluide qui, placée à l'unité de distance d'une quantité égale, produit sur elle une répulsion égale à l'unité de force. La force agissante qui s'exerce entre deux masses magnétiques $\mu\mu'$ est :

$$f = \frac{\mu\mu'}{r^2}.$$

On ne peut pas séparer les fluides magnétiques comme on sépare les fluides électriques.

57. *Moment magnétique d'un aimant*. — On appelle moment magnétique d'un aimant, le produit du magnétisme libre à l'un de ses pôles par la distance entre ses deux pôles ; le moment $\mathfrak{M}$ est donc :

$$\mathfrak{M} = \mu l.$$

58. *Définition du champ magnétique*. — Soit une quantité de magnétisme μ concentrée en un point P et soumise à des actions provenant soit d'autres points magnétiques, soit de courants. Ces actions ont une résultante F. Posons :

$$F = \mu H$$

le coefficient H s'appelle *champ magnétique*.

Supposons dans l'expression précédente, que l'on ait $\mu = 1$; alors :

$$F = H$$

le champ magnétique est donc la force exercée sur une quantité de magnétisme égale à l'unité.

Un champ magnétique étant une force, on le représente par une droite de longueur et de direction données.

59. *Action magnétique d'un champ H sur un aimant*. — Soit H la direction du champ magnétique *fig*. 37 : supposons un

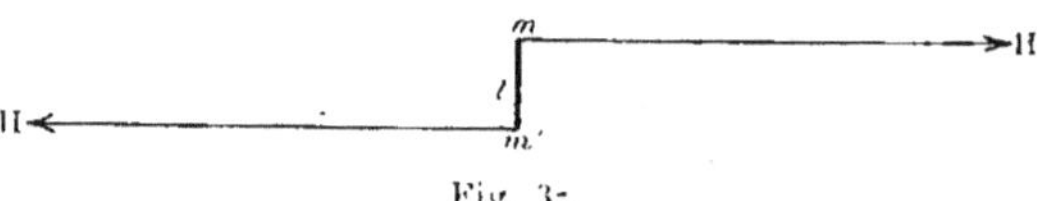

Fig. 37.

petit aimant perpendiculaire à cette direction : le moment du couple agissant sur l'aimant est $\mu l \times H$: ou bien, comme $\mu l = \mathcal{M}$, le moment du couple agissant est $\mathcal{M} H$. c'est-à-dire égal au produit du moment magnétique de l'aimant par l'intensité du champ magnétique.

Si l'aimant fait un angle α avec la direction perpendiculaire au champ magnétique *fig*. 38 . le couple $m \, H \times l \sin \alpha = \mathcal{M} H \sin \alpha$.

On a supposé le magnétisme libre concentré aux pôles de l'aimant. Cette hypothèse est permise si, l'aimant ayant des dimensions finies, le champ est uniforme. Car alors les actions qui s'exercent sur les différents points de l'aimant sont paral-

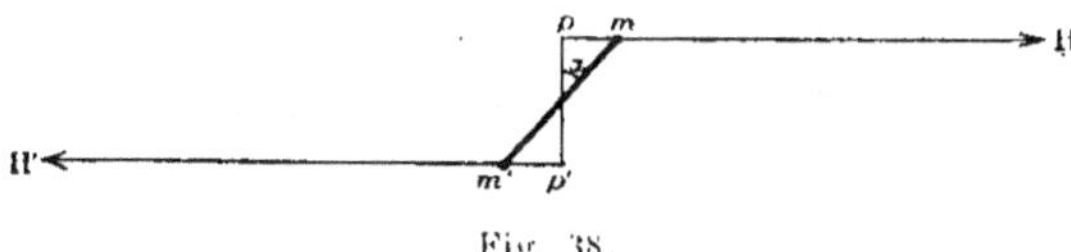

Fig. 38.

lèles; leurs résultantes s'appliquent aux centres des forces parallèles, c'est-à-dire aux pôles. Si le champ n'est pas uniforme, l'hypothèse s'applique au cas d'un aimant infiniment petit, et tel que dans toute l'étendue qu'il occupe on puisse considérer la variation du champ comme nulle.

60. Mesure d'un champ magnétique et du moment d'un aimant en valeur absolue. — Gauss a mesuré l'intensité horizontale H du champ magnétique terrestre, et le moment magnétique $\mathcal{M}$ d'un barreau, par la méthode suivante.

On fait deux expériences successives dont l'une donne le produit $\mathcal{M}H$, l'autre le quotient $\dfrac{\mathcal{M}}{H}$; on en déduit les valeurs de $\mathcal{M}$ et de H.

1° Pour mesurer $\mathcal{M}H$, on pourrait placer l'aimant AB perpendiculairement à la direction du champ magnétique, et mesurer statiquement le couple exercé, qui est égal à $\mathcal{M}H$. Gauss a préféré employer la méthode des oscillations. Il mesure la durée t des oscillations exécutées par le barreau sous l'action du champ H. On a

$$t = \pi \sqrt{\frac{\Sigma m r^2}{\mathcal{M}H}}.$$

Le moment $\Sigma m r^2$ peut être calculé si le barreau est homogène et de forme régulièrement cylindrique. L'équation précédente donne la valeur de MH.

2° Pour mesurer le quotient $\dfrac{\mathcal{M}}{H}$ on fait agir simultanément, sur une petite aiguille aimantée $\alpha\beta$, le champ H et le champ magnétique produit à distance par le barreau AB.

On fixe ce barreau perpendiculairement au méridien magnétique, dans le plan horizontal qui contient l'aiguille $\alpha\beta$, de manière que celle-ci se trouve sur une droite perpendiculaire à AB en son milieu, et à une distance D de AB. L'action simultanée des deux pôles du barreau produit, au point où se trouve $\alpha\beta$, un champ H′ perpendiculaire à H et ayant pour valeur

$$\mathrm{H}' = \frac{\mathcal{M}}{\mathrm{D}^3}.$$

L'aiguille soumise à l'action simultanée des deux champs H et H′ se dirige suivant leur résultante, qui fait un angle φ avec le plan du méridien magnétique. En d'autres termes, l'aiguille dévie, sous l'influence de AB, d'un angle φ que l'on mesure. On a

$$\operatorname{tang}\varphi = \frac{\mathrm{H}'}{\mathrm{H}} = \frac{\mathcal{M}}{\mathrm{H}}\frac{1}{\mathrm{D}^3}$$

on mesure donc φ, D, et de l'équation précédente on tire $\dfrac{\mathrm{M}}{\mathrm{H}}$.

On peut opérer encore d'une autre manière, en plaçant le barreau dans la deuxième position de Gauss. On fixe le barreau perpendiculairement au plan du méridien magnétique, son axe prolongé passant par l'aiguille. Le champ dû à la différence des actions des deux pôles est dans ce cas

$$\mathrm{H}'' = \frac{2\,\mathcal{M}}{\mathrm{D}^3}$$

d'où

$$\operatorname{tang}\varphi' = \frac{2}{\mathrm{D}^3}\cdot\frac{\mathcal{M}}{\mathrm{H}}.$$

On mesure la déviation φ', la distance D, et l'on tire de cette équation $\dfrac{\mathcal{M}}{\mathrm{H}}$.

Connaissant $\mathcal{M}\,\mathrm{H}$ et $\dfrac{\mathcal{M}}{\mathrm{H}}$, on en déduit $\mathcal{M}$ et H.

On trouve ainsi, à Paris, pour la valeur de l'intensité horizontale magnétique, H = 0, 197 environ.

La même méthode s'applique à la détermination d'un champ magnétique quelconque.

CHAPITRE II

Mesure des courants.

La mesure de l'intensité des courants en unités électromagnétiques absolues est une application de la mesure du champ magnétique exposée plus haut : tout courant produit en un point P de l'espace un champ magnétique proportionnel à son intensité, et calculable. On mesure l'intensité du courant en mesurant le champ magnétique qu'il produit par la loi de Laplace.

Nous allons d'abord rappeler la loi de Laplace, et définir l'intensité absolue d'un courant ; puis nous décrirons les méthodes et appareils qui servent à réaliser cette mesure.

61. *Lois des actions électromagnétiques.* — Soit ds un élément de circuit parcouru par un courant d'intensité i, et situé en un point o ; soit P un point chargé d'une quantité de magnétisme μ. Le point magnétique P et l'élément de courant ds exercent l'un sur l'autre des actions que nous allons successivement considérer.

L'action exercée par μ sur l'élément ds est une force perpendiculaire à la fois à la droite OP et à l'élément ds. Cette force df est appliquée à l'élément du courant. Dans la figure (48) on a pris pour plan du tableau le plan qui contient cette force et la droite OP. L'élément de courant ds se projette sur ce plan suivant $m'\,n'$. La valeur de df est donnée par la formule de Laplace.

$$df = \mathrm{K}\,\frac{\mu i\,ds\,\sin\theta}{r^2}.\qquad(1)$$

K est un coefficient de proportionnalité, r est la distance OP ; θ est l'angle que fait ds avec une perpendiculaire au plan du tableau.

On peut écrire d'une autre manière l'équation précédente : $\dfrac{\mu}{r^2}$ est le champ magnétique en o dû à l'action du point P. En appelant ce champ h on a

$$df = \mathrm{K}\,h\,i\,ds\,\sin\theta. \qquad (2)$$

Si le champ magnétique h, au lieu d'être produit par un point unique μ, était dû à un nombre quelconque de points magnétiques

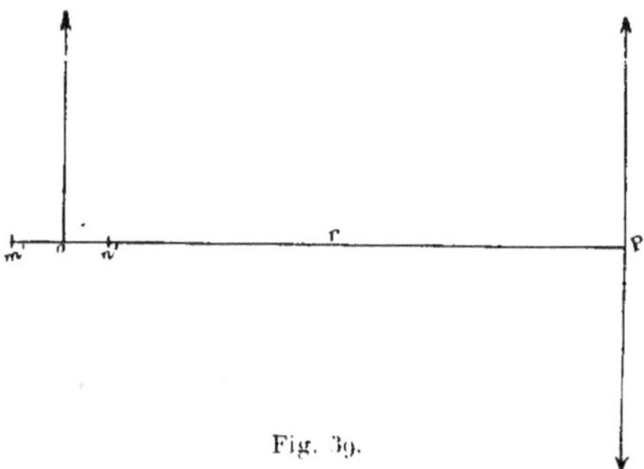

Fig. 39.

ou d'éléments de courant, l'équation (2) exprimerait encore l'action exercée par le champ quelconque h avec l'élément de courant.

Considérons maintenant l'action exercée par l'élément de courant sur le point P. Cette action est égale en valeur absolue à la précédente. Elle est seulement de sens contraire ; elle est encore donnée en valeur absolue par la formule (1). Enfin elle est encore appliquée au point o. Il faut bien qu'il en soit ainsi, pour que l'action soit égale à la réaction.

Ici se présente une difficulté. Comment concevoir que l'action exercée sur le point P soit une force appliquée, non en P, mais en o ? Appliquons en P deux forces de sens contraire égales et parallèles à df. L'une de ces forces constitue, avec la force df, un couple dont le moment $d\mathcal{M}$ est égal à $r\,df$; l'autre force subsiste et est appliquée en P. L'énoncé précédent équivaut donc à celui-ci : le point P est soumis à la fois à l'action de la force df qui lui est appliquée et d'un couple dont le moment est

$$d\mathcal{M} = r \times df = \mathrm{K}\mu\,\frac{i\,ds\,\sin\theta}{r^2}. \qquad (3)$$

La force exercée sur le point P par un circuit de dimension
finie s'obtient par voie d'intégration ; il en est de même du
moment exercé sur le point P. La force résultante n'est pas nulle
en général. Au contraire, le moment résultant se réduit à zéro
lorsque le courant qui agit est un courant fermé.

Pour démontrer qu'il en est ainsi, soit une sphère de rayon I

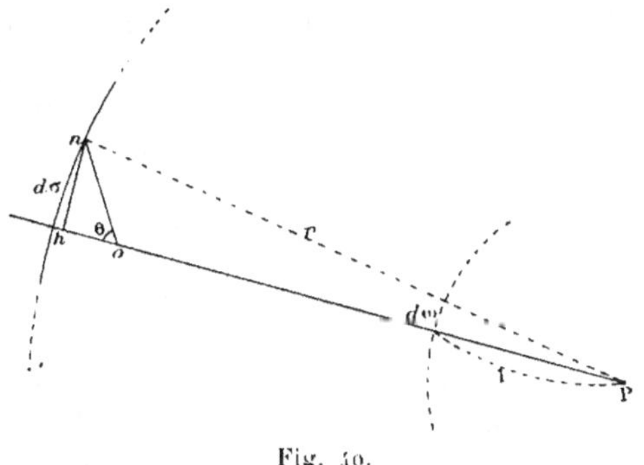

Fig. 40.

(*fig.* 49), ayant P pour centre; joignons P aux extrémités de

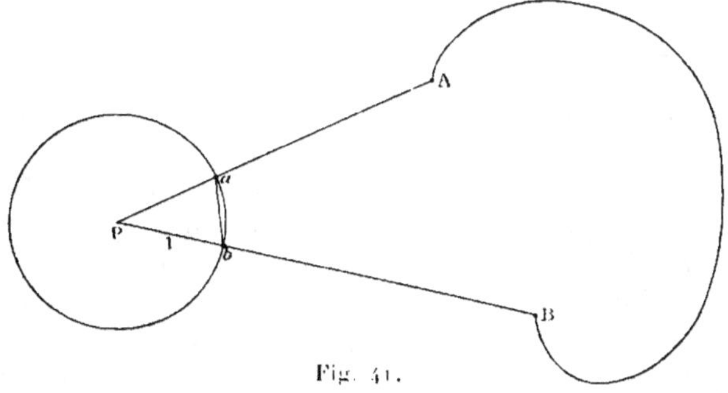

Fig. 41.

l'élément de courant par deux droites qui interceptent sur la
sphère un petit arc $d\omega$. On a

$$d\omega = \frac{ds \sin \theta}{r}$$

au facteur constant près $K \mu i$, l'arc très petit $d\omega$ est donc égal

au moment du couple dû à l'action de ds, et la corde de cet arc
coïncide en direction avec l'axe de ce couple. En opérant de
même sur tous les éléments d'un circuit, on obtient une série
d'arcs $d\omega$ qui constituent la perspective sphérique du circuit.
Pour obtenir le couple résultant il faut, suivant la règle de Poin-
sot, construire la somme géométrique des couples composants.
Il suffit donc de joindre par une droite les extrémités $a\,b$ de la
courbe sphérique (*fig.* 50) ; la corde $a\,b$ représente en grandeur
et direction l'axe du moment résultant. Pour construire les points
a et b, il suffit de connaître A et B. Si le circuit est fermé, ces
points se confondent et le moment résultant est nul. C. q. f. d.

Le cas du courant fermé est le seul qui se présente dans les
instruments de mesure : l'action qui s'exerce sur un point magnétique quelconque de l'espace se réduit à une force.

62. *Définition de l'unité absolue de courant.*

La constante K
des équations précédentes varie avec le choix de l'unité d'intensité. Supposons μ mesuré en unités absolues ; on peut définir
l'unité qui mesure i de telle façon que K $= 1$. L'unité ainsi définie est l'unité électromagnétique absolue d'intensité. On a alors

$$df = \frac{\mu i\,ds \sin\theta}{r^2}.\qquad (4)$$

On réalise une mesure absolue d'intensité en appliquant la formule (4) et en mesurant f.

Soit un courant circulaire de rayon 1 de longueur 1, agissant
sur une masse μ placée en son centre O et égale à l'unité. Dans
ce cas $\int df = $ H, le champ magnétique en O. La formule (2) donne
alors H $= i$. En mesurant H par la méthode de Gauss, on aurait
la valeur absolue de i.

63. *Galvanomètres absolus.*

Un circuit quelconque étant
donné, parcouru par le courant i, le champ magnétique H qu'il
crée en un point P est

$$H = Mi\qquad (5)$$

M étant un coefficient que l'on obtient par voie d'intégration, en
appliquant la formule (4) à tous les éléments du circuit. Si M est

connu, l'équation (5) fournit la valeur de i et l'appareil constitue un galvanomètre absolu.

Ceci suppose que l'on puisse calculer M. Théoriquement, c'est-à-dire en faisant abstraction de difficultés purement mathématiques, M est toujours déterminé, et tout galvanomètre dont la constante M aurait été calculée serait un instrument absolu. Pratiquement, on est obligé de donner au circuit une forme telle que sa constante soit calculable. On est donc limité à certaines formes particulières de circuit. Chacune fournit une forme particulière de galvanomètre absolu. Ce sont ces formes que nous allons indiquer. On verra que l'on mesure i en employant comme circuit, soit un circuit circulaire de grand rayon, soit un fil rectiligne indéfini, soit une bobine cylindrique de grand rayon contenant une aiguille aimantée, soit un solénoïde placé à distance de l'aiguille, soit enfin deux bobines agissant l'une sur l'autre : autant d'instruments absolus qu'il nous reste à décrire.

64. 1° Boussole des tangentes à cadre circulaire *(fig. 42)*. — La boussole des tangentes se compose d'un cadre circulaire vertical de rayon a ; au centre de ce cercle se trouve une aiguille aimantée, P, de longueur petite par rapport au rayon, et oscillant dans un plan horizontal : on met ce dernier en coïncidence avec le méridien magnétique ; alors l'axe de l'aiguille est dans le plan du circuit. Supposons que le circuit soit traversé par un courant ; nous aurons en P deux champs magnétiques superposés : le premier dû à l'action du magnétisme terrestre ; le second dû à celle du courant. L'aiguille placée en ce point prendra une direction OV, telle que l'on ait *(fig. 43)*

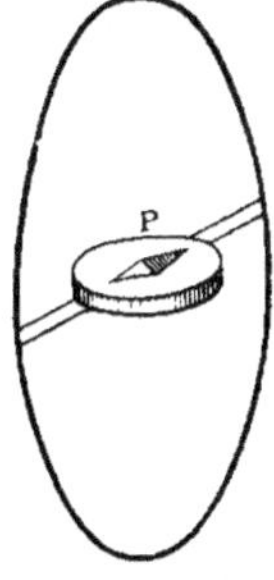

Fig. 42.

$$\tan \alpha = \frac{TV}{OT} = \frac{\mathfrak{M}}{T}$$

(OH est le champ magnétique dû au courant). Chaque élément de courant donne une action représentée par l'expression :

$$f = \frac{i\,ds \sin \theta}{r^2}.$$

Dans le cas actuel $\sin \theta = 1$; $r = a$; donc

$$\int \frac{i\,ds}{r^2} \sin \theta = \frac{i}{a^2} \int ds = \frac{is}{a^2}$$

donc :

$$\mathfrak{M} = \frac{is}{a^2}$$

d'où :

$$\operatorname{tang} \alpha = \frac{is}{a^2 T}.$$

on en déduit :

$$i = \frac{a^2 T}{S} \operatorname{tang} \alpha$$

S est la longueur du circuit : c'est une circonférence dans le cas actuel, et elle a pour expression :

$$S = 2\,\pi a$$

donc :

$$i = \frac{aT}{2\,\pi} \operatorname{tg} \alpha$$

La quantité **T** est connue (moment magnétique terrestre), donc

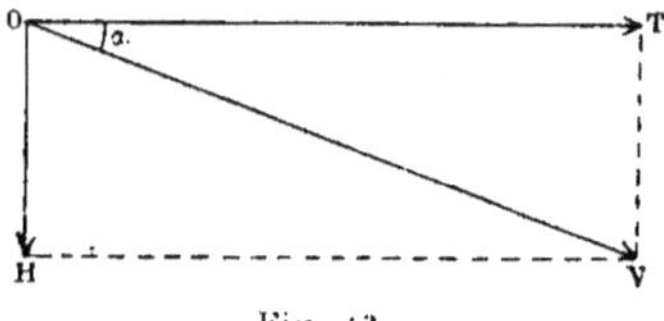

Fig. 43.

la fraction est une constante que l'on peut représenter par **K**, et nous avons :

$$i = K \operatorname{tg} \alpha$$

La boussole des tangentes peut donc nous fournir une valeur de l'intensité : mais elle exige que l'on connaisse exactement le rayon du circuit et la valeur de T. A Paris, on a : $T = 0,198$, environ.

Dans tout ce qui précède, nous avons supposé l'aiguille infiniment courte relativement au rayon. Dans ces conditions, les résultats du calcul précédent ne sont qu'approchés.

Supposons en outre que pour rendre l'instrument plus sensible, on le munisse d'un fil de cuivre faisant n tours, et remplissant une gorge à section rectangulaire (*fig.* 44). Soient a_0 et a_1 les

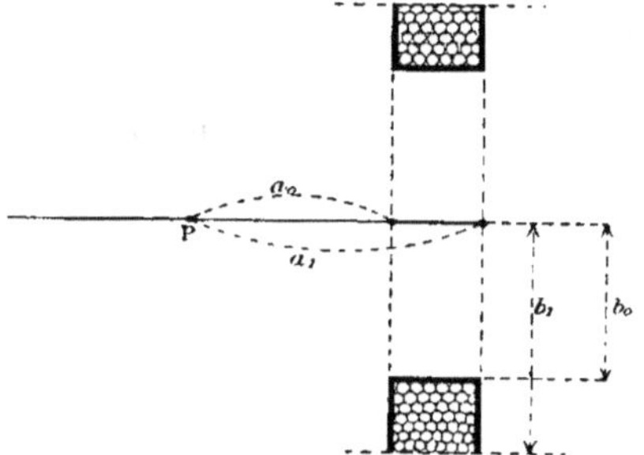

Fig. 44.

distances du centre de l'aiguille aux plans verticaux qui limitent le circuit ; soient b_0 et b_1 les rayons extrêmes du circuit; soit l la longueur de l'aiguille. On peut calculer le moment exercé par le courant d'intensité i sur l'aiguille du moment magnétique $\mathfrak{M}$, c'est-à-dire la constante de l'appareil. Cette constante a pour valeur

$$n\pi \mathfrak{M} \frac{1}{b_1 - b_0} \left\{ \log \left(\frac{b_1 + \sqrt{b_1^2 + a_0^2}}{b_0 + \sqrt{b_0^2 + a_1^2}} \cdot \frac{b_1 + \sqrt{b_1^2 + a_1^2}}{b_0 + \sqrt{b_0^2 + a_0^2}} \right) \right.$$

$$+ \frac{1}{4} \left(\frac{b_1^3}{b_1^2 + a_0^2)^{\frac{3}{2}}} - \frac{b_0^3}{(b_0^2 + a_1^2)^{\frac{3}{2}}} \right) \frac{l^2}{a_0^2}$$

$$\left. + \frac{1}{4} \left(\frac{b_1^3}{(b_1^2 + a_1^2)^{\frac{3}{2}}} - \frac{b_0^3}{(b_0^2 + a_0^2)^{\frac{3}{2}}} \right) \frac{l^2}{a_1^2} \right\} i$$

Si le centre de l'aiguille se trouve au centre du circuit, cette expression se réduit à

$$2n\pi i \mathfrak{M} \left\{ \frac{1}{b_1 - b_0} \left[\log \frac{b_1 + \sqrt{b_1^2 + a_0^2}}{b_0 + \sqrt{b_0^2 + a_0^2}} \right. \right.$$

$$\left. \left. + \frac{1}{4} \left(\frac{b_1^3}{(b_1^2 + a_0^2)^{\frac{3}{2}}} - \frac{b_0^3}{(b_0^2 + a_0^2)^{\frac{3}{2}}} \right) \frac{l^2}{a_0^2} \right] \right\} i \quad .$$

65. 2° *Boussole des tangentes à fil vertical indéfini.* — La boussole des tangentes à cercle vertical n'est pas le seul instrument qui puisse nous donner l'intensité d'un courant. Dans certains cas, on peut se servir d'un simple fil vertical indéfini, rectiligne, agissant sur une aiguille mobile dans un plan horizontal. Le fil vertical et le centre de l'aiguille sont dans le plan du méridien magnétique *fig.* 45).

Calculons d'abord l'action exercée sur un point extérieur P

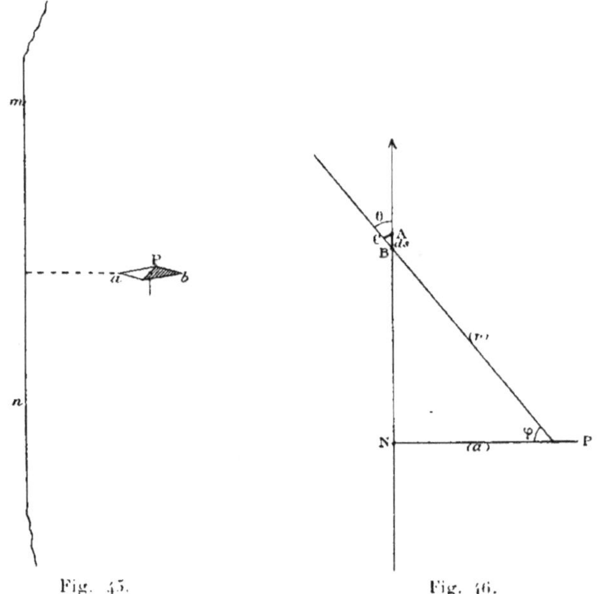

Fig. 45.   Fig. 46.

fig. 46) par un élément de fil, traversé par le courant ; soit *ds* cet élément, nous appliquerons la formule :

$$df = \frac{i\,ds\,\sin\theta}{r^2}.$$

Pour avoir l'action totale, il faut faire la somme de tous les termes analogues ; pour cela, exprimons *ds*, θ, *r* en fonction d'une même variable ; prenons φ comme variable indépendante ; nous avons le droit de confondre la perpendiculaire AC abaissée du point A sur PC, avec l'arc infiniment petit décrit du point P comme centre avec PA comme rayon ; dès lors nous avons :

$$ds \sin \theta = r\,d\varphi$$

d'où nous tirons :

$$d\varphi = \frac{ds \sin \theta}{r}$$

de plus :

$$r \cos \varphi = a$$

donc :

$$\frac{1}{r} = \frac{1}{a} \cos \varphi$$

d'où nous tirons :

$$\frac{ds \sin \theta}{r^2} = \frac{1}{a} \cos \varphi\,d\varphi$$

d'où en intégrant, pour avoir la valeur de la force H qui agit sur le point P :

$$H = i \int_{-\frac{\pi}{2}}^{+\frac{\pi}{2}} \frac{1}{a} \cos \varphi\,d\varphi = i \left[\frac{1}{a} \sin \varphi \right]_{-\frac{\pi}{2}}^{+\frac{\pi}{2}}$$

ou, enfin :

$$H = \frac{2}{a} i$$

et nous aurons :

$$\operatorname{tang} \alpha = \frac{\dfrac{2i}{a}}{T}$$

d'où nous tirons :

$$i = \frac{aT}{2} \operatorname{tang} \alpha.$$

Dans ce calcul, comme dans le précédent, nous avons supposé l'aiguille infiniment petite relativement à sa distance au fil ; si nous tenons compte de ses dimensions, nous arriverons à une formule analogue à celle de Bravais dans le cas de la boussole à cadre circulaire.

Pour être tout à fait rigoureux, dans l'étude des boussoles des tangentes, il faudrait de plus tenir compte de la distribution du magnétisme dans l'intérieur des aiguilles, au lieu de supposer ce magnétisme concentré aux pôles.

66. *Méthode de Weber pour la mesure des intensités.* —
Weber a indiqué une méthode qui a justement pour but d'éliminer la cause d'erreur provenant de ce qu'on ne peut pas tenir
compte de la distribution intérieure du magnétisme dans les
aiguilles; imaginons un cadre mobile, placé dans le champ magnétique terrestre, et parcouru par un courant. L'aimant terrestre fait dévier ce cadre de sa position d'équilibre, on peut
déduire l'intensité du courant qui parcourt le circuit. Tel est le
principe de la méthode imaginée par Weber.

Soit donc un circuit plan, parcouru par un courant d'intensité i

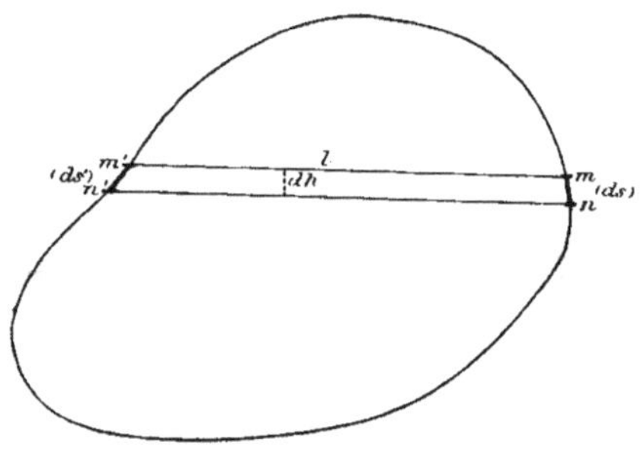

Fig. 47.

(*fig.* 47). Considérons deux éléments de circuit, mn, $m'n'$, découpés
par deux droites parallèles infiniment voisines; supposons le
plan du circuit coïncidant avec le méridien magnétique.

L'action du champ magnétique terrestre sur ds est une force
normale à ds, et perpendiculaire au plan du tableau; elle est, en
appelant T l'intensité horizontale du magnétisme terrestre :

$$f = \mathrm{T} i\, ds \sin \theta$$

mais :

$$ds \sin \theta = dh$$

donc :

$$f = \mathrm{T} i\, dh$$

de même pour ds' : le système constitue donc un couple, dont le
moment $\mathcal{M}$ est :

$$\mathcal{M} = \mathrm{T} i\, dh\, l$$

or ldh est la surface du petit trapèze $mnm'n'$: appelons $d\sigma$ cette aire :

$$\mathcal{M} = Tid\sigma$$

l'action totale est donc :

$$\mathcal{M} = \int Tid\sigma = TiS$$

S étant la surface comprise dans le circuit ; nous tirons de là :

$$i = \frac{\mathcal{M}}{TS}$$

donc pour connaître i il faut connaître $\mathcal{M}$, H, S : si le cadre porte n tours de fil de rayon r, l'aire totale est :

$$S = n\pi r^2$$

et :

$$i = \frac{\Sigma\,\mathcal{M}}{n\pi r^2 T}$$

pour mesurer $\mathcal{M}$, on suspend le cadre par un système bifilaire ; alors le moment $\mathcal{M}$ est proportionnel au sinus de l'angle de déviation, que l'on mesure par la méthode de Poggendorff. Le coefficient de proportionnalité peut être obtenu par le calcul, sauf l'erreur due à la rigidité des fils. On peut, au lieu d'employer le bifilaire, calculer le moment de torsion par la méthode des oscillations ; on applique alors la formule :

$$t = \pi\sqrt{\frac{\Sigma mr^2}{\varphi}}$$

φ étant le moment de la torsion pour un angle de torsion égale à l'unité. Quant à Σmr^2, on l'obtient comme dans la méthode de Gauss, soit géométriquement, soit expérimentalement, au moyen de masses additionnelles.

Cette méthode, comme on le voit, ne fait pas intervenir de distribution magnétique, car le champ magnétique terrestre est constant et uniforme ; mais elle suppose T connu au préalable. Pour atténuer les erreurs, on observe, pendant l'expérience les *variations* de T.

Mais il est préférable de ne pas supposer T connu d'avance, et de le déterminer par l'expérience même ; en effet, la formule à laquelle nous sommes arrivés nous donnait le produit $i\mathrm{T}$:

$$i\mathrm{T} = \frac{\Sigma\,\mathcal{M}}{\mathrm{S}}$$

la boussole des tangentes nous fournit la valeur du quotient $\dfrac{i}{\mathrm{T}}$:

$$\frac{i}{\mathrm{T}} = \mathrm{K}\ \mathrm{tang}\ \alpha.$$

On fera donc passer le même courant, à la fois dans le cadre bifilaire et dans la boussole et *on éliminera* T, en faisant le produit :

$$i^2 = \frac{\mathrm{K}\ \mathrm{tang}\ \alpha\Sigma\,\mathcal{M}}{\mathrm{S}}.$$

Lemme. — *Si l'on a un courant fermé mobile autour d'un axe* OZ, *et que ce courant soit soumis à un champ magnétique* H *dans le plan, l'action du champ magnétique se réduit à un couple dont le moment est :*

$$\mathcal{M} = \mathrm{H}i\mathrm{S},$$

S étant la surface comprise à l'intérieur du courant considéré.

La composante suivant OX tend à faire tourner le courant autour de OZ :

$$\mathcal{M}_x = \mathrm{S}i\mathrm{X} = \mu\lambda X$$

la composante Oz tend à faire tourner autour de Ox :

$$\mathcal{M}_y = \mu\lambda Z$$

$\mu\lambda$ étant un petit aimant normal au circuit ; et enfin :

$$\mathcal{M}_z = 0.$$

On peut donc substituer au courant un petit aimant élémentaire normal. Si le champ magnétique est variable, on peut toujours admettre qu'il est uniforme dans une portion infiniment petite. Nous arrivons donc à l'énoncé suivant :

L'action d'un champ magnétique sur un circuit infiniment petit *est la même que celle qui s'exercerait sur un aimant infiniment petit, normal au circuit, et de moment $\mathfrak{M} = Si$.*

Nous allons tirer de là une conséquence importante. Considérons un circuit quelconque, qui ne soit pas plan (*fig.* 48). Par ce circuit

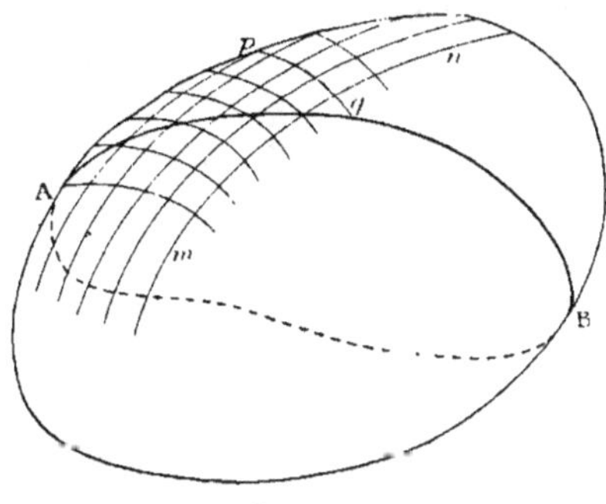

Fig. 48.

gauche, faisons passer une surface quelconque, et décomposons-la en quadrilatères curvilignes élémentaires par deux séries de lignes. Supposons chacun de ces circuits parcouru par des courants de même sens que le courant donné ; parmi ces circuits, ceux qui sont contigus au circuit donné le reconstituent ; quant aux autres, les courants sont deux à deux égaux et opposés dans un même côté ; donc ils s'annulent entre eux. Les portions intérieures ne sont parcourues par aucun courant. On peut donc substituer au courant total cette série de courants infiniment petits. Nous pouvons appliquer à chacun de ces courants le théorème de tout à l'heure et nous pouvons remplacer chacun de ces circuits élémentaires par un petit aimant normal tel que le moment par unité de surface soit égal à l'intensité i. On obtient ainsi deux surfaces magnétiques de signes contraires (surface magnétique double).

Donc : *l'action d'un champ magnétique quelconque sur un circuit quelconque est la même que son action sur une surface magnétique double ayant le circuit pour contour, et telle que le moment magnétique par unité de surface soit égal à l'intensité i du courant dans le circuit donné.*

67. Définition des Solénoïdes. — Nous pouvons grouper les aimants autrement que pour former des surfaces magnétiques doubles; nous pouvons les grouper de manière à constituer des solénoïdes.

Considérons une courbe C (*fig.* 49) et des points équidistants, *a*, *b*, *c*, sur cette courbe ; supposons qu'en chacun de ces points se trouve un circuit élémentaire de surface σ, normal à la courbe

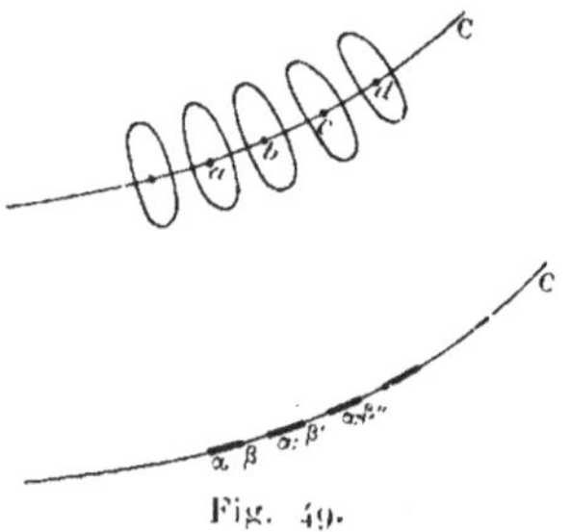

Fig. 49.

en ce point : l'ensemble de ces circuits élémentaires constitue ce qu'on nomme un *solénoïde*.

Nous pouvons remplacer le circuit élémentaire en *a* par un petit aimant $\alpha\beta$, dirigé suivant la tangente à la courbe, et dont le moment $\mu\lambda$ est donné par la relation :

$$\mu\lambda = \sigma i$$

et de même pour chacun des autres circuits, *b*, *c*,....; nous aurons donc une série de petits aimants $\alpha\beta$, $\alpha'\beta'$, $\alpha''\beta''$... Supposons que tous ces pôles soient égaux entre eux : si nous prenons $\lambda = ab$, distance commune entre tous les points centraux, nous aurons un aimant continu.

Les pôles en regard se neutralisent deux à deux : seuls, les deux derniers sont libres : un solénoïde équivaut donc à deux pôles magnétiques situés en ses deux extrémités.

Cela posé, supposons un champ magnétique uniforme (il est nécessaire de faire cette supposition, sans quoi l'équivalence des termes intermédiaires ne serait pas rigoureuse) : alors tous les résultats précédents sont exacts. Ce que nous venons de dire s'applique aussi à l'action du courant sur un champ magnétique (réciproque du théorème précédent).

Conséquence : L'action d'un aimant sur un point extérieur se réduit à une force et ne donne pas de couple. Donc l'action d'un courant fermé sur un point extérieur donne une force et pas de couple.

En particulier nous pouvons considérer des solénoïdes à génératrices rectilignes. Le moment d'un petit aimant élémentaire

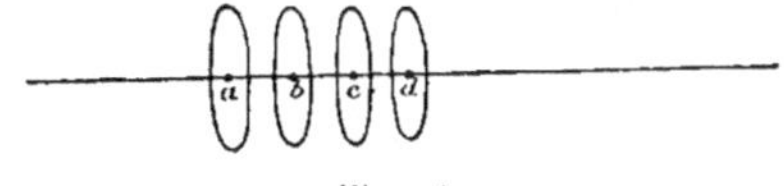

Fig. 50.

substitué à un des circuits est $\mu\lambda = \sigma i$, le moment total sera :

$$\mathcal{M} = n\sigma i$$

en supposant qu'il y ait n circuits dans le solénoïde *fig.* 50.

68. *Mesure des intensités par les solénoïdes.* — Puisqu'un

solénoïde équivaut à deux pôles magnétiques, on peut dans les

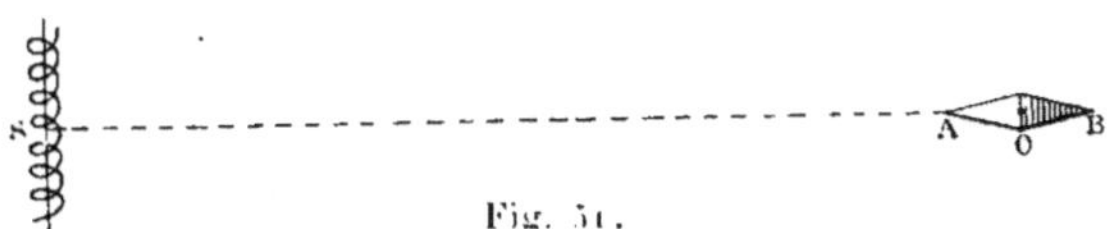

Fig. 51.

expériences de Gauss, remplacer le barreau aimanté par un solénoïde, S *fig.* 51 : on a alors :

$$\frac{\dfrac{n\sigma i}{d^3}}{T} = \operatorname{tang} \alpha$$

Une deuxième expérience, exécutée en faisant osciller S sous l'influence de la terre donnait le produit $n\sigma i$T.

69. *Galvanomètre cylindrique indéfini.* — Nous avons vu, pour la mesure des intensités, qu'on pouvait employer : 1° la

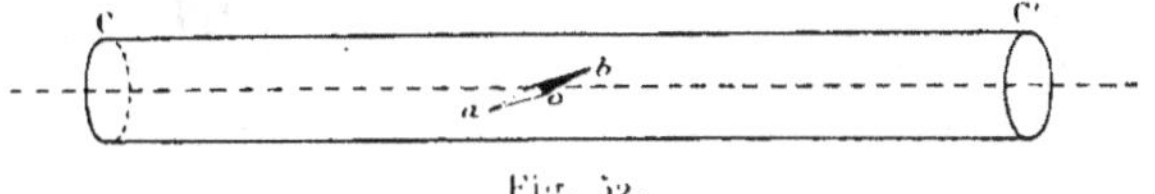

Fig. 52.

boussole des tangentes ; 2° la boussole des tangentes à fil vertical indéfini. Nous allons maintenant indiquer une méthode qui nous semble préférable.

Considérons un cylindre creux recouvert de fil *fig.* 52 formant un solénoïde infiniment long, CC'; supposons son diamètre assez considérable pour que, sur son axe, on puisse placer une aiguille aimantée AB dans son intérieur.

Théorème. — *A l'intérieur d'un cylindre infiniment long, le champ magnétique est uniforme.*

En effet : considérons deux tours de fil infiniment voisins O_1 O_2 *(fig.* 53 séparés par une distance *dl*. Cherchons l'action

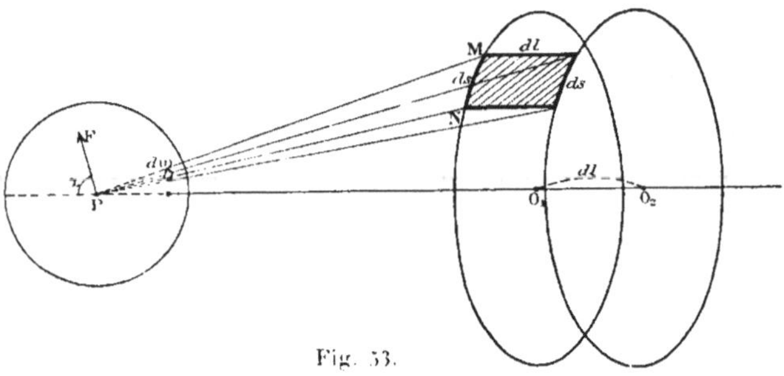

Fig. 53.

exercée par un élément de courant *ds* sur un point P de son axe : cette action est en général :

$$f = \frac{ids \sin \theta}{r^2}$$

θ étant l'angle de l'élément *ds* avec le rayon vecteur; ici $\theta = 90°$ $\sin \theta = 1$; la force PF est normale au plan de P et de *ds* ; quant à la résultante de toutes ces forces élémentaires elle sera, par raison de symétrie, dirigée suivant l'axe du cylindre.

Il y a un nombre infini de tours : considérons ceux qui sont situés dans une longueur *dl;* à un infiniment petit du second ordre près, leurs actions s'ajoutent, soit *n* le nombre de tours par unité de longueur : ici il y en aura *ndl*; leur action sera :

$$\int\int \frac{ids \cos \alpha ndl}{r^2}$$

ou bien :

$$ni \int \int \frac{ds\, dl \cos \alpha}{r^2}$$

$ds.\, dl$ est un élément de surface cylindrique (recouvert de hachures sur la figure) : $ds.\, dl \cos \alpha$ est la projection de cet élément sur la sphère de rayon r; en divisant $ds.\, dl \cos \alpha$ par r^2, on a la projection de cet élément de surface sur la sphère de rayon 1, $d\omega$, l'action totale est donc :

$$ni \int d\omega = ni\omega.$$

Dans le cas où le cylindre est infiniment long, la perspective sphérique s'étend à toute la sphère et elle est égale à 4π. L'action du cylindre total sur le point P est donc constante et égale à $4\pi ni$.

Si alors nous prenons dans l'intérieur une petite aiguille, l'action sera une déviation qui aura pour valeur :

$$\tan \alpha = \frac{4\pi ni}{H}.$$

La question est donc résolue en théorie. Voyons maintenant comment on peut la réaliser en pratique.

On ne peut pas songer à employer un cylindre infiniment long; mais on tourne la difficulté de la manière suivante *fig.* 54 :

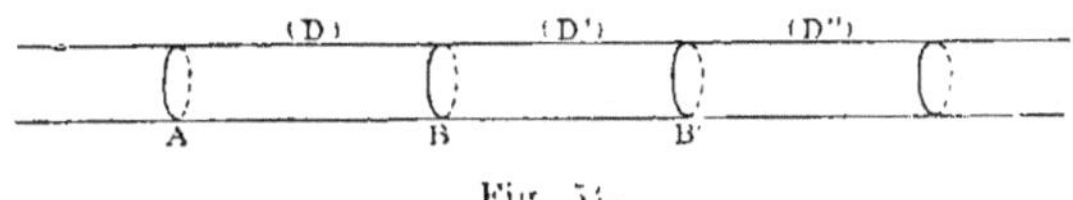

Fig. 54.

Fractionnons par la pensée notre cylindre infiniment long en une infinité de cylindres partiels. Soient D, D', D''... les actions de chaque segment sur l'aiguille : nous aurons évidemment :

$$D + D' + D'' + \dots = 4\pi ni$$

ou bien, en mettant D en facteur et en posant :

$$D' = D\varepsilon,\ D'' = D\varepsilon'\dots$$

$\varepsilon,\ \varepsilon'\ \varepsilon''$... étant des facteurs convenablement choisis :

$$D\,(1 + \varepsilon + \varepsilon' + \varepsilon'' + \dots) = 4\pi ni$$

tout se réduit donc, pour avoir D, à calculer la valeur de la série
entre parenthèses. On trouve expérimentalement cette valeur en
mettant un second cylindre BB′ identique au premier à la suite
de celui-ci ; on peut même se servir du premier cylindre que
l'on transporte en BB′ : on observe deux déviations successives
et on a :

$$\frac{\tang \alpha'}{\tang \alpha} = \varepsilon.$$

On aura donc la valeur de D :

$$D = \frac{4\pi n i}{1 + \dfrac{\tang \alpha'}{\tang \alpha} + \dfrac{\tang \alpha''}{\tang \alpha} + \ldots}$$

et comme la série au dénominateur décroît très rapidement, il
suffit d'en calculer 3 ou 4 termes.

On peut aussi observer ε, ε'… par une méthode de zéro. Pour

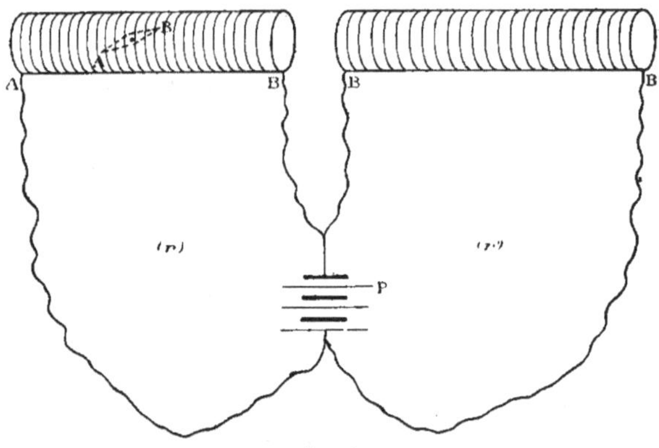

Fig. 55.

cela, il est nécessaire d'avoir un second cylindre auxiliaire, BB
(fig. 55).

$$Di = Di'$$

mais, comme l'indique la figure, i et i' sont les intensités
de deux courants dérivés d'un même courant principal ; on

aura donc en appelant r et r' les résistances correspondantes :

$$ri = r'i'.$$

On intercale alors un rhéostat jusqu'à ce que l'aiguille reste au zéro : on aura à ce moment :

$$\frac{D'}{D} = \frac{r'}{r} = \mathcal{E}$$

et par suite :

$$D = \frac{4\,\pi n i}{1 + \dfrac{r'}{r} + \dfrac{r''}{r} + \dfrac{r'''}{r} + \cdots}$$

cette valeur de D est indépendante de l'action du magnétisme sur l'aiguille, la série convergeant rapidement, il suffit d'en calculer 3 ou 4 termes ; la figure 65 montre la disposition des appareils.

70. *Emploi des électrodynamomètres pour la mesure des intensités*. — On peut, dans la mesure des intensités, remplacer l'aimant par un circuit mobile, c'est-à-dire remplacer le champ magnétique terrestre pour un autre. Dans le cas du champ magnétique terrestre, le moment du couple agissant est HSi.

Supposons donc un second circuit *fig.* 56 destiné à fournir le

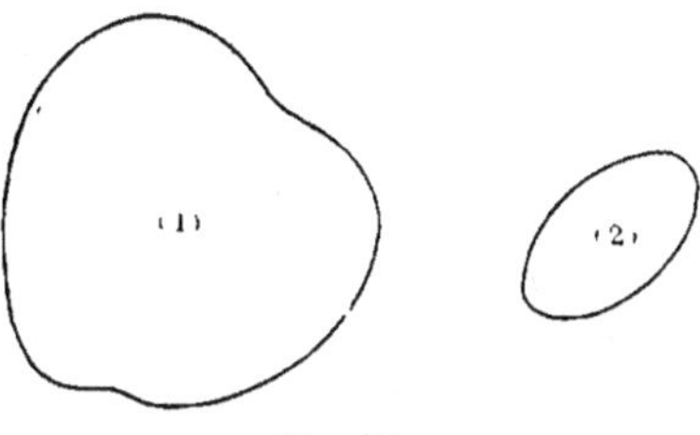

Fig. 56.

champ magnétique qui fait dévier le circuit 2. Dans le cas de deux circuits circulaires, le calcul de la constante de l'instrument est très compliqué, car la formule

$$\mathcal{M} = TSi$$

n'est vraie que si H est uniforme, comme dans le cas de l'aimant terrestre.

On peut rendre le champ magnétique constant en employant une bobine cylindrique très longue, dans l'intérieur de laquelle, comme nous l'avons vu, le champ magnétique est uniforme et a pour valeur :

$$H = 4\pi ni.$$

Alors on place dans l'intérieur de cette bobine un second circuit (2), de façon que son plan soit parallèle à l'axe : la surface S de ce circuit est connue directement, et nous pourrons alors appliquer la formule

$$\mathcal{M} = \mathrm{T}Si$$

Pour connaître le moment du couple $\mathcal{M}$, on peut suspendre le système 2 à une suspension bifilaire dont on connaît la constante.

On peut aussi supposer que le plan du circuit (2) soit horizontal : il est soumis à un couple dont le bras de levier est hori-

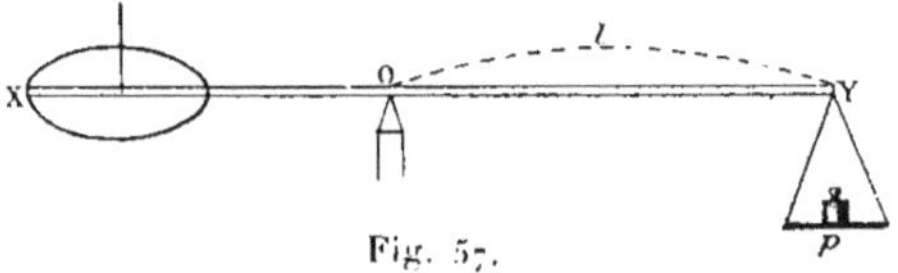

Fig. 57.

zontal : supposons ce circuit placé à l'une des extrémités d'un fléau de balance *(fig. 57)* ; quand le courant passe, il faut ajouter à l'autre extrémité des poids p et on a :

$$\mathcal{M} = pl$$

On réalise ainsi un *électrodynamomètre balance* qui permet des mesures absolues avec la plus grande facilité ([1]).

Dans ces instruments il faut avoir soin d'orienter le circuit mobile de façon à diminuer l'action du magnétisme terrestre.

---

[1] LIPPMANN. *Comptes rendus*, année 1882. 2ᵉ semestre. page 1349.

CHAPITRE III

Mesure de la quantité d'électricité dans le système électromagnétique.

71. *Définition de la quantité*. — Dans le système électromagnétique, la quantité d'électricité ne se définit pas directement : on la définit en fonction de l'intensité par la relation :

$$q = it$$

si l'intensité est constante ; et pour la relation

$$q = \int i\, dt.$$

si l'intensité est variable.

Soit un courant d'intensité constante, i : on mesure i par la boussole des tangentes, ou par l'une des méthodes que nous avons indiquées dans le chapitre précédent. On mesure t au moyen d'un chronomètre ; on fait le produit des deux nombres ainsi obtenus, et on obtient la valeur de q.

72. *Cas où l'intensité i du courant n'est pas constante*. — Alors i est une fonction du temps :

$$i = f\, t.$$

Supposons que les variations de i soient tellement rapides que l'aiguille de la boussole ne varie pas sensiblement ; la déviation fournit alors la valeur de l'intégrale $\int f\, t\, dt$:

73. *Mesure de q dans le cas d'un courant instantané*. — Nous allons maintenant examiner le cas où le courant dure un temps θ, petit par rapport à la durée d'oscillation de l'aiguille. Nous aurons alors à évaluer l'intégrale :

$$q = \int_0^{\theta} i\, dt.$$

Désignons par a le moment d'inertie de l'aiguille aimantée, $\Sigma\, mr^2$; soit α_m l'angle d'écart maximum de l'aiguille, sous une vitesse angulaire α'.

À chaque instant, l'aiguille reçoit une accélération α''; l'équation du mouvement de l'aiguille sera donc :

$$a\alpha'' = \text{la somme des moments moteurs.}$$

Il faut évaluer le second membre :

Si l'aiguille est suspendue au centre d'une bobine, elle subit le moment moteur Di, dû à l'action du courant; de plus l'aiguille est soumise à l'influence du magnétisme terrestre : on aura donc un second terme $C\alpha$, qui doit être affecté du signe (—) puisque, ainsi que la torsion, il tend à diminuer l'accélération. Par suite, l'équation du mouvement de l'aiguille sera :

$$a\alpha'' = Di - C\alpha.$$

multiplions par dt et intégrons :

$$a \int_0^{\theta} \alpha''\, dt = D \int_0^{\theta} i\, dt - C \int_0^{\theta} \alpha\, dt$$

et en effectuant l'intégration du premier membre :

$$a\alpha'_0 = D \int_0^{\theta} i\, dt - C \int_0^{\theta} \alpha\, dt$$

la dernière intégrale nous fournit un terme que nous pouvons négliger, car la quantité placée sous le signe $\int$ est moindre que $\varepsilon\theta$, ε étant la valeur absolue maximum de α. Notre équation se réduit donc à :

$$a\alpha'_0 = Dq.$$

c'est une relation entre q et la vitesse angulaire α' acquise quand le courant a cessé d'agir. Nous ne connaissons pas directement α_0 :

mais nous pouvons observer α_m l'angle d'écart maximum de l'aiguille. Le courant ayant cessé d'agir, on a :

$$a\alpha'' = -C\alpha.$$

c'est une équation différentielle dont l'intégrale générale est :

$$\alpha = A \sin Kt$$

dérivons deux fois :

$$\alpha' = AK \cos Kt$$
$$\alpha'' = -AK^2 \sin Kt$$

α est maximum quand le sinus est égal à 1 : donc :

$$(1) \qquad \alpha_m = A.$$

Pour $t = 0$, α' prend la valeur α'_0 : donc :

$$(2) \qquad \alpha'_0 = AK$$

et, à cause de (1) :

$$(3) \qquad \alpha'_0 = \alpha_m K$$

reste à avoir la valeur de K :

On tire des relations précédentes :

$$-aAK^2 \sin Kt = -CA \sin Kt$$
$$aK^2 = C$$

d'où :

$$K = \sqrt{\frac{C}{a}}$$

et, à cause de (3) :

$$\alpha'_0 = \alpha_m \sqrt{\frac{C}{a}}$$

Nous déduisons de là :

$$q = \frac{a}{D} \alpha_m \sqrt{\frac{C}{a}} .$$

Nous pouvons introduire dans cette valeur la durée d'oscillation.

La durée de la période est donnée par la relation :

$$T = 2\pi\sqrt{\frac{a}{C}}$$

donc :

$$\sqrt{\frac{C}{a}} = \frac{2\pi}{T}$$

Nous aurons donc :

$$q = \frac{a}{D}\frac{2\pi}{T}\alpha_m$$

On a d'ailleurs :

$$C = T_g\lambda$$

$$a = \Sigma mr^2$$

on a donc q en fonction de T.

Cette méthode, très simple en théorie, est pratiquement très compliquée. La mesure d'une quantité d'électricité en unités électromagnétiques absolues est donc une opération délicate. Il faudra donc, autant que possible, éviter d'avoir à faire ces mesures.

De plus, nous avons supposé dans cette étude du mouvement d'une aiguille aimantée, qu'il n'y avait aucune résistance passive ; ce cas n'est jamais réalisé dans la pratique : nous avons d'abord le frottement de l'aiguille sur son support ; nous avons la résistance de l'air ; de plus, dans son mouvement d'oscillation, l'aiguille induit dans le fil de la bobine des courants qui, en vertu de la loi de Lenz, tendent à s'opposer à son mouvement. Il y a donc toujours amortissement, et l'amortissement sera d'autant plus considérable que l'instrument sera plus sensible. Il faut donc en tenir compte et introduire dans les calculs du mouvement de l'aiguille un terme de plus : c'est ce que nous allons faire maintenant.

74. Mouvement d'une aiguille aimantée amortie. — D'une façon générale, l'équation du mouvement de l'aiguille est :

$$a z'' = \text{la somme des mouvements moteurs.}$$

Un premier moment sera dû à l'influence du courant : Di; le second est dû à l'action de la terre; il doit être pris en signe contraire, c'est $-Cz$; enfin un troisième moment provient des frottements, de la résistance de l'air, et de la loi de Lenz; il doit être pris en signe contraire puisqu'il s'oppose au mouvement de l'aiguille; nous aurons donc pour ce troisième moment : $-bz'$; b est le *coefficient d'amortissement*. L'équation du mouvement devient donc :

$$a z'' = Di - Cz - bz'$$

multiplions par dt et intégrons :

$$a \int z'' dt = D \int i\, dt - C \int z\, dt - b \int z'\, dt.$$

Pour la même raison que tout à l'heure, la 2ᵉ intégrale du second membre est négligeable; nous aurons donc :

$$a z'_0 = Dq.$$

c'est la même relation que tout à l'heure; mais la relation entre z'_0 et z_m sera différente de celle que nous avons trouvée dans le paragraphe précédent : à partir du moment où $i = 0$, l'équation du mouvement devient :

$$a z''_0 = - Cz - bz$$

$$a z'' + bz' + Cz = 0.$$

Cette équation est très importante en physique et en mécanique : on la rencontre notamment dans l'étude du mouvement pendulaire; son intégrale générale est :

$$z = A e^{-mt} \sin Kt$$

dérivons deux fois :

$$z' = A \left[- m e^{-mt} \sin Kt + K e^{-mt} \cos Kt \right]$$

et :

$$z'' = A \left[m^2 e^{-mt} \sin Kt - 2 mK e^{-mt} \cos Kt - K^2 e^{-mt} \sin Kt \right].$$

Substituons ces valeurs de z, z', z'', dans l'équation différentielle et écrivons que le coefficient de sin Kt est nul ainsi que le terme constant. Nous avons ainsi :

$$m = \frac{b}{2\,a}$$

$$K = \frac{\sqrt{4\,aC - b^2}}{2\,a}$$

K est réel si l'on a $4\,aC - b^2 \geqq 0$, c'est-à-dire si l'amortissement n'est pas trop grand; autrement l'intégrale prend la forme d'une somme d'exponentielles. On a d'ailleurs :

$$\alpha'_0 = AK$$

α_m est la valeur que prend α quand t correspond à la déviation maxima c'est-à-dire où $\alpha' = 0$

$$\tan Kt_m = \frac{K}{m}$$

nous aurons donc t_m :

$$t_m = \frac{1}{K}\ \text{arc tang}\ \frac{K}{m}$$

$$t_m = \frac{1}{K}\ \text{arc tang}\ \frac{\sqrt{4\,aC - b^2}}{b}$$

et il vient alors :

$$\alpha_m = Ae^{-m_{t_m}}\sin Kt_m$$

ou :

$$\alpha_m = Ae^{-mt_m}\sqrt{\frac{4\,aC - b^2}{4\,aC}}$$

ou enfin :

$$\alpha_m = \alpha'_0 e^{-mt_m}\sqrt{\frac{C}{a}}\ .$$

Ce calcul se présente quand on veut déterminer une quantité d'électricité au moyen de l'arc d'impulsion de l'aiguille; il se retrouve dans la méthode de Weber pour mesurer les résistances; on le rencontre moins quand on mesure la capacité d'un condensateur en le déchargeant à travers une boussole de tangentes.

CHAPITRE IV

Mesure des forces électromotrices dans le système électromécanique.

C'est à Weber que l'on doit la première définition et le premier procédé de mesure des forces électromotrices absolues. Il s'est servi pour le définir des forces électromotrices d'induction.

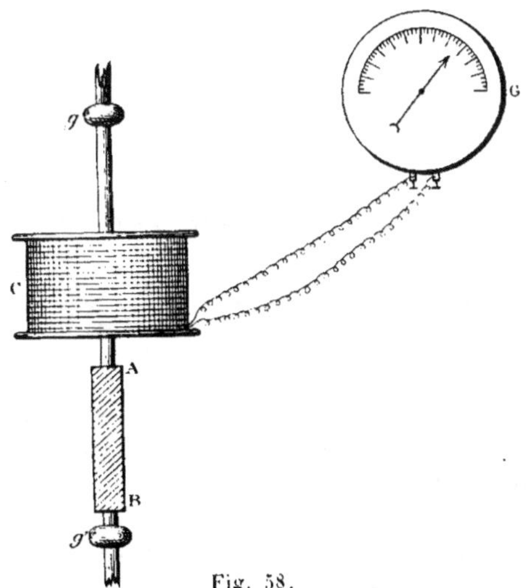

Fig. 58.

On peut produire ces forces par l'action réciproque d'un aimant et d'un courant, ou par l'action de 2 circuits, ou encore par la variation du courant dans un circuit voisin. Dans tous les cas, la force électromotrice est due au déplacement relatif d'un champ magnétique et d'un circuit, et soumise à des lois que nous allons rappeler.

**75. *Déplacement d'un circuit dans un champ magnétique.
Loi de Neumann.*** — Quand on change, par un déplacement mécanique quelconque, la position relative d'un aimant et d'un circuit, il se produit une force électromotrice d'induction et on
trouve expérimentalement la loi suivante due à Neumann :

*La force électromotrice est proportionnelle à la vitesse du
déplacement.* Cette loi se vérifie au moyen d'un appareil imaginé par Weber, et nommé par lui : *Électromoteur à pédale*
(*fig.* 58) ; cet instrument se compose d'un circuit C enroulé en
bobine et dans lequel un aimant AB se meut en restant toujours

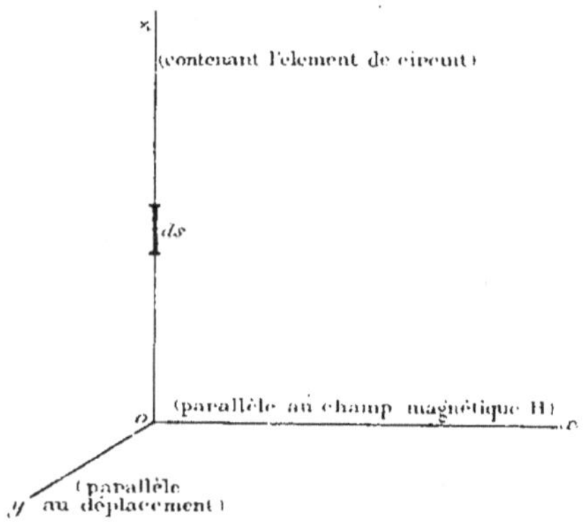

Fig. 59.

guidé suivant l'axe par 2 glissières *gg'* placées sur sa tige directrice ; l'aimant est mû par une pédale ; les deux extrémités du
circuit sont en relation avec les deux extrémités du fil d'un galvanomètre G. Les deux glissières étant munies de butoirs, le
mouvement de l'aimant a lieu toujours entre les mêmes limites,
et la course Ag en est toujours la même.

Pour vérifier la loi de Neumann, on fait varier la vitesse de
déplacement de l'aimant dans la bobine, et on observe que l'arc
de déviation du galvanomètre est toujours le même. La quantité
totale d'électricité est donc indépendante de la vitesse ;

Ceci démontre la loi de Neumann : en effet, pendant le
temps *dt*, on a :

$$dq = i\,dt$$

or la loi d'Ohm nous donne :

$$i = \frac{e}{r}.$$

L'expression de dq devient donc :

$$dq = \frac{edt}{r}$$

la quantité totale dépend de l'intégrale :

$$q = \int_{t_0}^{t} e \frac{dt}{r}$$

soit s l'espace parcouru au temps t (*fig.* 59) ; si on a $e = K \frac{ds}{dt}$, on retrouvera la loi, car alors :

$$\int_{t_0}^{t_0} idt = \int_{t_0}^{t_0} \frac{ds}{dt} dt \frac{k}{r} = \frac{1}{r} K \left[s \right]_{s=0}^{s=0}$$

donc à chaque moment la vitesse est régie par la loi :

$$e = K \frac{ds}{dt}.$$

C. Q. F. D.

76. Expression de la force électromotrice d'induction. — Décomposons cette force en éléments : considérons un élément de circuit mobile dans un champ magnétique : prenons les axes de coordonnées comme l'indique la figure 60 : alors la force électromotrice est :

$$de = ds\, H \varphi K$$

l'introduction de φ représente la loi de Neumann ; telle que $K = 1$; alors si l'on a $ds = 1$, et $H = 1$, on a aussi $de = 1$; c'est la définition de l'unité de force électromotrice.

Pour réaliser ces diverses conditions, plaçons-nous dans le cas général : supposons la direction du champ magnétique quelconque, celle de l'élément et celle de la vitesse également quelconques : nous aurons :

$$de = H ds \sin \varphi\, V \cos \alpha$$

F_2 étant la force perpendiculaire à *ds* et à OH, qui entraînerait *ds* sous l'action de OH : la quantité *ds* sin θ V cos α est une aire facile à évaluer : *ds* sin θ est la projection O*h* de *ds* sur Oz (nous avons pris Oz dans le plan contenant OH et *ds*, perpendiculaire à OH); V cos α *dt* est le déplacement de la projection du point *m*, extrémité de *ds*, qui était d'abord en O; au temps *dt*,

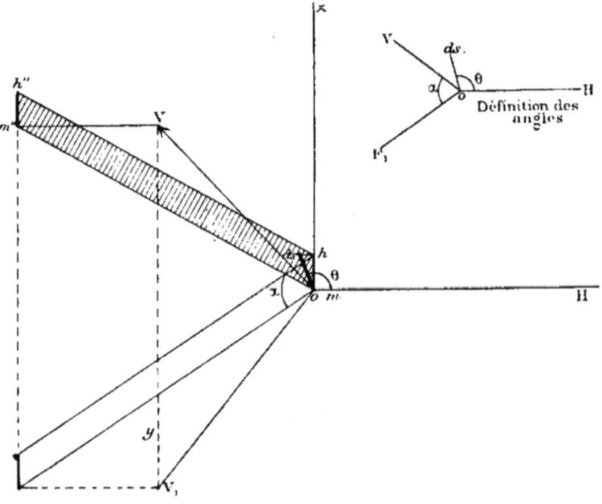

Fig. 60.

mh sera venu en *m″h″* : l'aire du parallélogramme décrit par *ds* pendant le temps *dt* est donc :

$$d\sigma = ds \sin θ \, V \cos α \, dt$$

donc :

$$d\sigma_{yz} = de\,dt$$

$$de = \frac{d\sigma}{dt}$$

donc *la force électromotrice d'induction est égale à la vitesse avec laquelle varie l'aire décrite par la projection d'un élément de circuit sur un plan perpendiculaire au champ magnétique.*

Si l'on considère le circuit tout entier, on aura :

$$e = \frac{d\left(\int d\sigma\right)}{dt}.$$

Donc : *l'unité de force électromotrice est celle qui prend naissance par le déplacement d'un circuit de longueur égale à l'unité, avec une vitesse égale à l'unité, dans un champ magnétique égal à l'unité.*

N. B. — Si nous voulons examiner le cas du circuit entier, nous le projetterons sur un plan normal au champ magnétique : l'aire balayée par cette projection pendant l'unité de temps sera égale à la force électromotrice.

77. Application : Cerceau de Delezenne *(fig. 61)*. — Considérons un circuit de forme circulaire, mobile autour d'un axe ver-

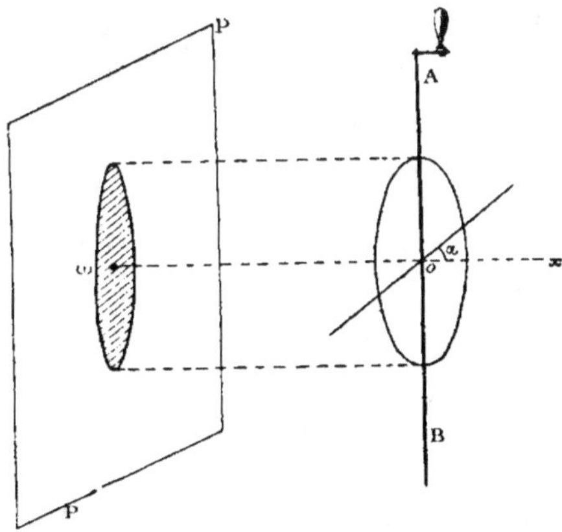

Fig. 61.

tical. Projetons sur un plan normal à l'aiguille de déclinaison : soit α l'angle que fait, au temps t, le plan du circuit avec le méridien magnétique.

La projection sur le plan P est :

$$\sigma = S \sin\left(\frac{\pi}{2} - \alpha\right) = S \sin \alpha$$

la projection varie avec une certaine vitesse que l'on obtient en prenant la dérivée :

$$S \cos \alpha . \alpha'$$

si la vitesse de rotation est uniforme, α' est une constante :

$$\alpha' = 2\pi n$$

n étant le nombre de tours par seconde ; alors :

$$e = HS\, 2\pi n \cos \alpha.$$

Nous n'avons considéré ici que la composante horizontale H, mais la composante verticale V n'a pas d'influence, car si on voulait en tenir compte, il faudrait projeter l'aire du circuit sur un plan perpendiculaire à la direction verticale, c'est-à-dire sur un plan horizontal ; or cette projection est constamment nulle.

Cette interprétation géométrique de la force électromotrice est souvent très commode, en particulier dans le cas du magnétisme terrestre elle est d'une application facile. Mais il est souvent utile d'avoir une interprétation mécanique de la force électromotrice : c'est une expression qui va faire l'objet du théorème suivant :

78. *Expression mécanique de la force électromotrice d'induction.* — Théorème. — *La force électromotrice élémentaire est égale numériquement au travail engendré par un courant égal à l'unité, traversant le circuit pendant l'unité du temps.*

En effet : la force agissante a pour expression :

$$f = iH\,ds \sin \theta$$

le travail $\mathcal{T}$ est :

$$\mathcal{T} = iH\,ds \sin \theta e \cos \alpha$$

$$\mathcal{T} = f e \cos \alpha$$

et si on fait $i = 1$, le travail est égal à de.

de est donc égal au travail dépensé pendant l'unité de temps par un courant égal à l'unité, traversant le circuit donné.

Par conséquent, toutes les fois qu'on pourra évaluer le travail total, on aura une expression immédiate de la force électromotrice totale. Le grand avantage de cette interprétation c'est qu'on n'y évalue que des travaux et que dans ce cas, la direction des forces n'intervient pas dans la sommation.

Nous appliquerons cela, comme exemple de calcul, au cerceau de Delezenne. Nous pouvons supposer que le circuit soit remplacé par un petit aimant normal ayant pour moment $\mathcal{M} = si$; ici $i = 1$; donc $\mathcal{M} = s$. La résistance opposée par le magnétisme terrestre au mouvement du circuit est celle qu'il oppose au mouvement du petit aimant; c'est donc :

$$d\,\mathcal{C} = \mathcal{M}\,H \sin \alpha.\alpha$$

et par suite :

$$e = \mathcal{M}\,H \sin \alpha.\alpha$$

Cas particulier. Soit une aiguille qu'on peut faire osciller en présence d'un circuit le cadre d'un galvanomètre, par exemple. Calculons le travail effectué par le mouvement de l'aiguille si le cadre est parcouru, par seconde, par un courant égal à l'unité. Le couple de déviation aura un moment $\mathcal{M}_1 = D$. donc :

$$e = \mathcal{M}_1\alpha$$

tout se réduit donc à connaître la constante D de l'instrument. C'est possible toutes les fois que l'instrument peut servir aux mesures absolues, comme la boussole des tangentes ordinaires, ou la boussole des tangentes à bobine cylindrique infiniment longue, ou encore comme la boussole des tangentes à fil vertical indéfini :

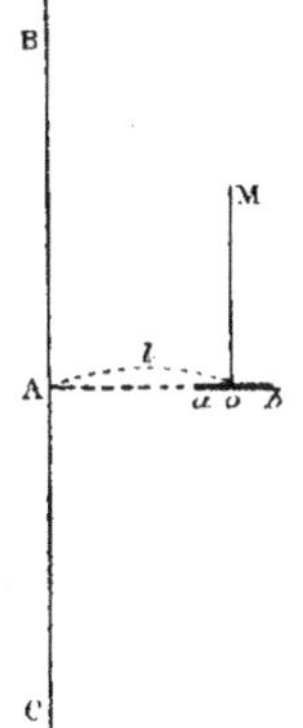

Fig. 65.

nous allons examiner ce dernier cas *fig.* 62. Soit un fil vertical indéfini BC placé à une distance l du centre d'un petit barreau ab : l'action produite par le courant est $\dfrac{1}{u} 2i$: et si le barreau a un moment $\mu\lambda$, le moment produit sera :

$$D = \frac{2\,i}{u}\,\mu\lambda.$$

si l'aiguille dévie d'un angle α on aura :

$$D = \frac{2\,i}{a}\,\mu\lambda\,\cos\alpha.$$

Supposons qu'on ait $i = 1$; alors :

$$e = \frac{2}{a}\,\mu\lambda\,\cos\alpha.\alpha'.$$

En résumé, chaque fois qu'on pourra connaître l'action mécanique exercée entre un circuit et un aimant, on pourra en déduire la force électromotrice d'induction.

79. *Application : amortissement des galvanomètres*. —

Quand une aiguille aimantée oscille à l'intérieur d'un cadre, chacune de ses oscillations fait naître dans le cadre des courants induits qui réagissent sur elle de façon à amortir son mouvement.

En effet : le courant agit sur l'aiguille avec un moment de couple D. La force électromotrice induite est donc $D\alpha'$; l'intensité du courant est égale à la force électromotrice divisée par la résistance :

$$i = \frac{D}{r}\,\alpha'.$$

ce courant agit sur l'aiguille avec un moment de couple Di ; la réaction du circuit sur l'aiguille est donc :

$$\frac{D}{r}\,\alpha'\,D = \frac{D^2}{r}\,\alpha'$$

de cette valeur dépend l'amortissement :

$$a\alpha'' = -\,C\alpha - \frac{D^2}{r}\,\alpha'$$

si $\alpha' = 1$, l'amortissement est $\dfrac{D^2}{r}$ et nous avons pour intégrale générale de cette équation :

$$\alpha = A e^{-mt} \sin Kt$$

les amplitudes décroissent donc en formant les termes d'une progression géométrique dont la raison est mt; mais nous avons vu qu'on avait :

$$m = \frac{b}{2\,a}$$

le logarithme de la raison contient donc le facteur D^2; donc, **plus D est grand**, plus les oscillations diminuent; le logarithme (qu'on nomme décroissement logarithmique) est proportionnel à D^2. Or, si on fait passer un courant constant à travers le galvanomètre, on a :

$$Di = C\alpha$$

la sensibilité σ a pour expression :

$$\sigma = \frac{d\alpha}{di}$$

on a donc ici :

$$\sigma = \frac{D}{C}$$

et, par conséquent le décroissement logarithmique est proportionnel au carré de la sensibilité. Si $D = \infty$, b croit et les oscillations deviennent apériodiques.

80. *Sens de la force électromotrice d'induction. Loi de Lenz*. — La direction de la force électromotrice d'induction est donnée par la loi de Lenz dont voici l'énoncé :

La force électromotrice qui prend naissance dans un circuit par le déplacement d'un circuit ou d'un aimant voisin est toujours dirigée dans un sens tel qu'elle tendrait à s'opposer au mouvement générateur.

81. *Méthodes pour produire des forces électromotrices d'induction*. — Nous pouvons prendre par exemple un axe horizontal parallèle à l'aiguille de déclinaison *fig*. 63). Imaginons un circuit qui soit formé par le disque reposant sur l'axe, au moyen de deux frotteurs dont l'un touche l'axe, l'autre un point donné de la circonférence; si l'on fait tourner le disque, un courant prend naissance dans le circuit. Projetons sur un plan normal à l'axe de rotation : soit OA le rayon du disque en contact avec le frotteur; au temps dt il a parcouru un angle $d\alpha$; et est

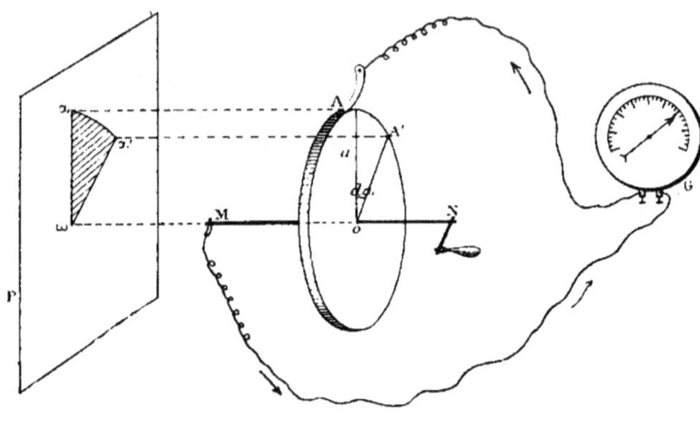

Fig. 63.

arrivé en OA' : les aires décrites par la projection par le plan P sont :

Pendant le temps dt :

$$\frac{1}{2} a^2 d\alpha.$$

pendant le temps 1

$$\frac{1}{2} a^2 \frac{d\alpha}{dt} = \frac{1}{2} a^2 \alpha'.$$

α' étant la vitesse angulaire du mouvement de rotation. Donc :

$$e = H \frac{1}{2} a^2 \alpha'.$$

si le mouvement de rotation est uniforme, nous aurons :

$$\alpha' = 2 \pi n$$

n étant le nombre de tours par seconde. Donc :

$$e = \pi n H a^2$$

Nous pouvons arriver au même résultat en prenant pour évaluer la force électromotrice, l'expression du travail : cette expression est, pour le temps dt :

$$ Ha\ \frac{1}{2}\ ad\alpha - \frac{1}{2}\ Ha^2 d\alpha $$

et pendant le temps 1 :

$$ \mathcal{C}\ \cdot\ \frac{1}{2}\ Ha^2\ \frac{d\alpha}{dt} $$

$$ \mathcal{C}\ \cdot\ \frac{1}{2}\ Ha^2\alpha $$

$$ \mathcal{C}\ =\ \frac{1}{2}\ Ha^2\ 2\pi n $$

ou enfin :

$$ \mathcal{C}\ =\ \pi n Ha^2. $$

C'est la même formule que nous avions trouvée plus haut.

2° Considérons un barreau cylindrique tournant autour de son axe et un fil voisin MN; la rotation du barreau AB détermine dans le fil MN un courant induit, à condition que le circuit ne soit pas fermé par un galvanomètre, car alors la force électromotrice est nulle puisqu'elle est égale à chaque instant au travail produit par la rotation si le courant avait une intensité égale à l'unité, et que le travail est nul dans le cas où le circuit est fermé *fig.64*.

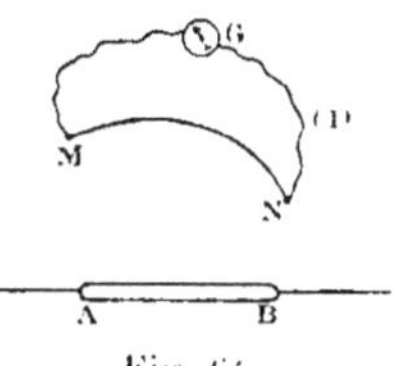

Fig. 64.

Pour obtenir un courant nous supprimerons donc une partie du circuit. Pour cela, rendons MN solidaires de AB au moyen de deux disques de cuivre fixés sur AB : MH et NH' : alors MN tourne avec AB; la force électromotrice induite sur MN devient nulle, et il ne reste plus que le reste du circuit, qui alors peut contenir un galvanomètre G : en M' et N' il y a deux frotteurs : l'un des disques peut même se réduire à zéro. La figure 65 montre la disposition de l'expérience.

Reprenons le problème sous sa première forme : un aimant AB *fig.66* et un fil MN. Servons-nous de l'expression $e = \mathcal{C}$ travail ; l'action de MN sur le pôle B équivaut à une force et à un couple :

la force est nulle puisque le point d'application est immobile ; reste le couple. Supposons que ce couple ait pour axe AB : le

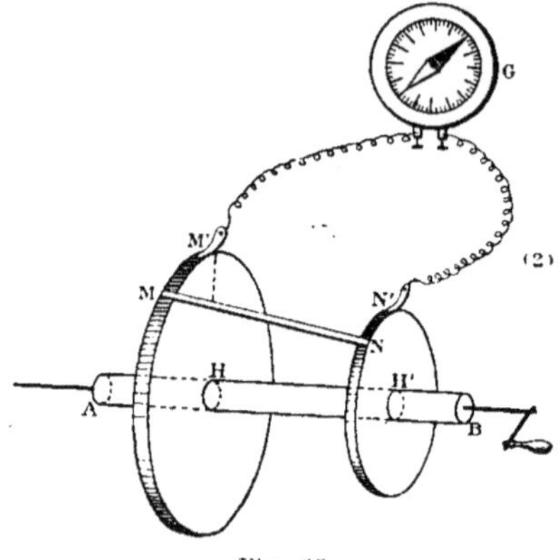

Fig. 65.

travail par seconde est alors : $\mathcal{M}$ AB.z' : si le couple n'a pas pour axe AB, l'expression est la même.

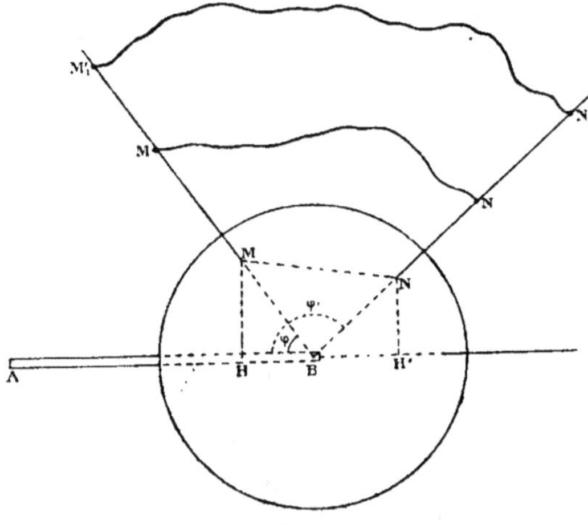

Fig. 66.

Le moment du couple est connu ; nous savons en effet que l'on a :

$$HH' = \mathfrak{M}_{AB}$$

mais, comme la sphère décrite autour du point B a comme rayon l'unité, on voit que :

$$HH' = \cos \varphi - \cos \varphi'$$

φ et φ' étant les angles que font BM et BN avec une même direction de AB ; nous aurons donc :

$$e = (\cos \varphi - \cos \varphi') \, \alpha'$$

on voit que la forme du circuit n'importe pas, non plus que sa position, pourvu que les points H et H' soient les mêmes, ce qui a lieu tant que les deux extrémités du fil sont sur les droites BM, BN, ou plus généralement, sur deux cônes de révolution ayant BM comme axe commun et comme génératrices les droites BM et BN.

On a construit Lord Kelvin, par exemple, des machines pour fournir des courants d'après ce principe ; dans ces machines, la force électromotrice est toujours parfaitement déterminée.

Dans les machines employées dans l'industrie, dans les machines Gramme par exemple, on multiplie la force électromotrice en multipliant les tours de fil de la bobine induite ; mais dans la machine que nous avons étudiée, on ne peut faire de même ; ces machines ont donc une force électromotrice limitée et continue ; leur résistance intérieure est très petite ; on en utilise quelquefois d'analogues en galvanoplastie.

REMARQUES. — Nous avons vu qu'on avait la relation :

$$e = \mathcal{C}.$$

On peut démontrer l'existence de cette relation de plusieurs manières :

1° *A posteriori*, par la vérification expérimentale des conséquences que la théorie en a déduites ;

2° *A priori*, en s'appuyant sur le principe de la conservation de l'énergie (Lord Kelvin et Helmholtz) :

On produit du travail ; on recueille un courant qui peut produire de la chaleur. Nous n'aurons qu'à écrire l'équivalence entre cette chaleur et ce travail : nous aurons une équation de condition qui ne sera autre que l'expression de la loi cherchée.

Le travail est dû à chaque instant à l'action exercée par un couple qu'on peut représenter par un produit de la forme $\mathcal{M}\,i$; la vitesse angulaire est x', donc :

$$\mathcal{M}\,ix' = \text{travail par seconde}$$

Mais on sait d'après les travaux de Joule que la chaleur produite est Kri^2, K dépendant du choix des unités ; exprimée en travail cette chaleur est $KEri^2$ si on a $KE = 1$, alors ri^2 représente en unités de travail la quantité de chaleur dégagée : écrivons l'équivalence :

$$ri^2 = \mathcal{M}\,ix'$$

mais la loi d'Ohm nous donne

$$ri = e$$

donc :

$$e = \mathcal{M}\,x$$

82. *Mesure indirecte des forces électromotrices.* — La mesure directe des forces électromotrices en valeur absolue est une opération délicate et difficile ; aussi a-t-on cherché à se procurer des étalons de force électromotrice toujours identiques à eux-mêmes, dont on détermine une fois pour toutes la force électromotrice.

On se sert le plus souvent de deux étalons sensiblement constants : ce sont : l'élément Daniell et l'élément Latimer Clark.

Le Daniell que l'on prend ordinairement pour les mesures se compose d'un zinc plongeant dans une solution de sulfate de zinc et d'une lame de cuivre plongeant dans du sulfate de cuivre. Dans ces conditions, le Daniell est un élément réversible.

Le Latimer Clark est formé d'une couche de mercure recouverte d'une pâte de protosulfate de mercure et d'une lame de zinc entourée de sulfate de zinc, le tout renfermé dans un vase de verre dans lequel on a fait le vide et qu'on a fermé à la lampe. On ne le fait fonctionner qu'en circuit ouvert, sa valeur absolue est $1{,}457 \times 10^8$ C. G. S.

On peut mesurer les forces électromotrices en les comparant aux forces électromotrices d'induction : en effet, supposons qu'on exécute une série d'opérations mécaniques par lesquelles on fasse naître dans un circuit donné une force électromotrice d'induction e : ce circuit peut être muni d'une boussole des tangentes au moyen de laquelle on mesurera l'intensité i du courant ainsi engendré. Or la résistance est donnée en valeur absolue par la formule :

$$ e = ri. $$

la force électromotrice d'induction fait donc connaître la résistance.

On peut donc par ce moyen se procurer des étalons de résistance en valeur absolue. Si nous avons alors à mesurer une force électromotrice inconnue, nous mesurerons l'intensité i du courant qu'elle produit dans un circuit donné dont la résistance est r, et, en faisant le produit ri, on aura la valeur de e en mesure absolue.

Cette méthode revient donc à comparer la force électromotrice des piles à celle d'induction par un procédé indirect, car elle fait intervenir une résistance r connue en valeur absolue : or c'est là un détour, car la mesure absolue d'une résistance implique déjà la production d'une force électromotrice connue en valeur absolue. Il serait donc préférable, ainsi que je l'ai proposé, de comparer directement l'élément que l'on veut étalonner à une force électromotrice, connue en valeur absolue, par une méthode d'opposition. La méthode est dans ce cas directe.

83. *Mesure directe* *fig.* 67. — Considérons un cadre tournant autour d'un axe vertical et supposons que son plan coïncide d'abord avec celui du méridien magnétique : $z = 0$; on a donc :

$$ e = 2\pi nSH. $$

Montons sur l'axe un commutateur muni de deux balais, tel que le circuit ne soit fermé que quand le plan du cadre coïncide avec le méridien magnétique. Nous pourrons alors opposer la force électromotrice ainsi produite à celle du Latimer Clark ; s'il y a égalité, un galvanomètre interposé ne variera pas : la résistance n'intervient pas dans cette méthode.

Il est difficile de produire ainsi une force électromotrice suffisante pour qu'elle puisse équilibrer celle d'un Latimer Clark. Mais il suffit de comparer la force électromotrice d'induction à

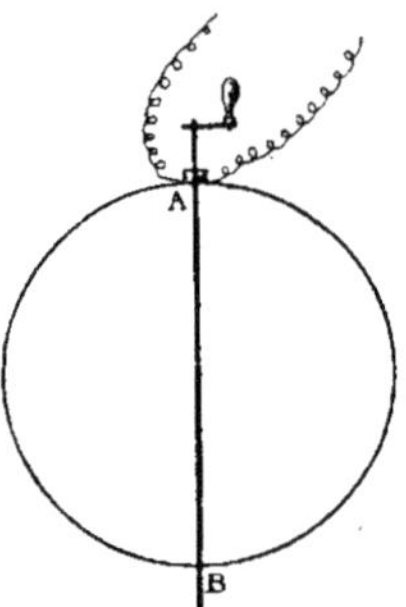

Fig. 67.

celle d'une fraction connue de l'élément Latimer Clark, obtenue par dérivation.

Afin de lever l'incertitude qu'il y a dans l'évaluation du rayon des couches de fil de la bobine, lorsque celles-ci sont enroulées dans la gorge d'un cylindre, il convient de prendre un cylindre sans gorge, sur la surface duquel le fil est simplement collé ; alors, en ajoutant au rayon du cylindre le rayon du fil, on a très exactement le rayon de la couche.

CHAPITRE V

Mesure des résistances dans le systéme électromagnétique absolu.

Tandis que les intensités et la force électromotrice se définissent directement dans le système électromagnétique absolu, les résistances se définissent indirectement comme le quotient des deux quantités précédentes.

84. *Définition de l'unité de résistance*. — On définit la résistance au moyen d'un quotient :

$$r = \frac{e}{i}.$$

Si l'on fait $e = 1$, $i = 1$, on a alors $r = 1$; la résistance n'est donc pas définie par une certaine longueur de fil, mais par une propriété.

Du moment où la résistance est définie, il est commode de la réaliser sous forme d'étalon. Depuis longtemps les physiciens se servaient d'étalons arbitraires : l'étalon de Jacobi et celui de Siemens.

L'étalon de Jacobi consiste dans un fil de cuivre rouge de 1 mètre de longueur et de 1 millimètre de diamètre ; celui de Siemens, dont l'idée est due réellement à Pouillet, se compose d'une colonne de mercure de 1 mètre de longueur et de 1 millimètre carré de section à 0°.

Le congrès des électriciens, en 1881, a décidé que l'étalon de résistance s'appellerait l'*Ohm légal*. Une commission a fixé sa longueur à 106 centimètres : il est formé d'une colonne de mercure de 1 millimètre carré de section, pris à 0° : à la longueur de 106 centimètres, cet étalon représente exactement 10^9 unités C. G. S. de résistance, sauf une correction ε de l'ordre de 1 millième. Il a été réalisé récemment à Sèvres, par M. Benoît : on en a construit qui ne diffèrent pas entre eux de plus de 1/50 000.

Reste à connaître ε et pour cela il faut pouvoir mesurer une résistance en valeur absolue.

Les méthodes qui permettent de mesurer une résistance en valeur absolue se ramènent à deux types : le premier est basé sur la chaleur dégagée par les courants, le second sur les forces électromotrices d'induction : nous commencerons par le premier, dû à Joule.

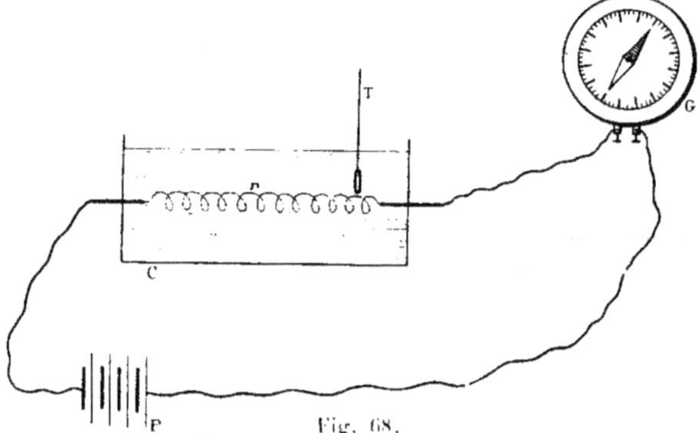

Fig. 68.

85. _Méthode de Joule_ _fig._ 68 . — Nous savons que l'on a :

$$ri = e.$$

Multiplions les deux nombres par i :

$$ri^2 = ei.$$

Or ei est la quantité de travail nécessaire pour entretenir un courant d'intensité i avec la force électromotrice e. Donc :

$$ri^2 = \text{travail dépensé}$$
$$ri^2 = E \times \text{chaleur produite.}$$
$$ri^2 = EQ.$$

Si donc on connaît E, qu'on mesure Q et i, on aura la résistance r au moyen de la relation :

$$r = \frac{EQ}{i^2}.$$

La figure montre la disposition de l'expérience ; le fil échauffé r est placé dans un calorimètre C ; le courant de la pile P est mesuré par une boussole G. Le plus grand avantage de cette méthode consiste dans sa simplicité ; de plus, on peut en faire varier la sensibilité à volonté ; les mesures calorimétriques présentent d'ailleurs, maintenant surtout, un grand caractère de précision ; pour mesurer i on peut prendre le courant très intense ; on a alors des boussoles de grand rayon ; l'aiguille devient alors infiniment petite par rapport au rayon et on est dans d'excellentes conditions de précision. Mais l'inconvénient grave est que dans la méthode on suppose connu le nombre E, équivalent mécanique de la chaleur ; or il règne sur ce nombre une grande incertitude qui détruit en grande partie les avantages de l'expérience.

86. *Modifications apportées à cette méthode* [1]. — Il y a donc lieu de chercher à éliminer E au moyen d'un artifice. Dans l'expérience de Joule, la température du calorimètre croît et on la mesure à un instant donné ; il vaut mieux prendre un courant assez intense et le faire passer pendant assez longtemps pour que la température prenne une valeur stationnaire ; soit θ cette valeur de la température ; on a alors :

$$(1) \qquad ri^2 = EQ = f(\theta) ;$$

à ce moment la perte de chaleur par rayonnement est égale à la chaleur reçue par l'appareil.

Supprimons le courant et remplaçons la résistance r par un appareil qui dégage de la chaleur par le frottement, en absorbant un travail τ par seconde ; arrêtons-nous au moment où on atteint de nouveau la température θ, nous aurons alors :

$$(2) \qquad \tau = EQ = f(\theta)$$

d'où, en comparant (1) et (2) :

$$ri^2 = \tau .$$

---

[1] LIPPMANN. *Comptes rendus*. t. XCV. p. 63 (1882).

Quant au travail dépensé, on l'évaluera soit au moyen de la méthode de Joule, soit mieux encore par un frein de Prony.

87. *Méthodes des forces électromotrices d'induction*. — Nous avons vu que la résistance pouvait être définie par la relation :

$$r = \frac{e}{i} \, ;$$

donc si nous disposons d'une force électromotrice constante produisant un courant dont on puisse mesurer l'intensité, nous connaîtrons la résistance en valeur absolue. On conçoit facilement, au moins en théorie, la production d'une force électromotrice constante ; nous allons en donner un exemple.

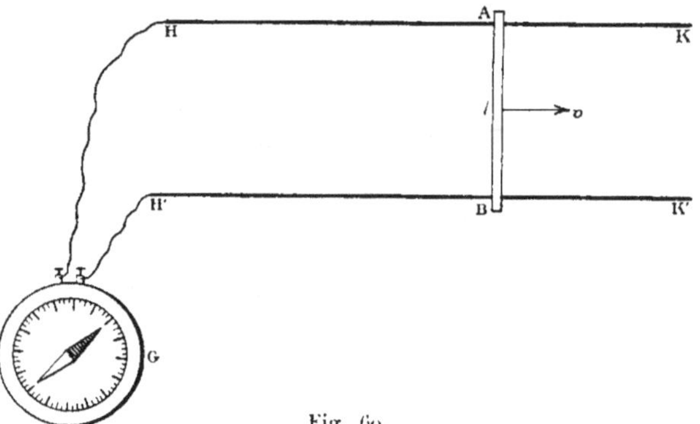

Fig. 69.

Considérons une barre de cuivre verticale AB *fig.* 69 glissant de l'est à l'ouest avec une vitesse constante dans le champ magnétique terrestre ; on suppose que la barre glisse sur deux rails indéfinis HK, H'K', qui servent à recueillir le courant et forment avec la barre et un galvanomètre G un circuit fermé. Soit v la vitesse de translation, l la longueur de la barre ; on a :

$$e = lHv$$

et l'intensité sera dans la boussole des tangentes :

$$i = \frac{H \tan g \, \alpha}{\dfrac{2\pi}{a}} \cdot$$

D'autre part :

$$i = \frac{e}{r} = \frac{lHv}{r}$$

donc :

$$r = \frac{lHv}{\dfrac{H\,\mathrm{tg}\,\alpha}{\dfrac{2\pi}{a}}}$$

H disparaît, et il reste simplement :

$$r = \frac{lv}{\mathrm{tg}\,\alpha}\;\frac{2\pi}{a}.$$

Théoriquement, cette méthode est, on le voit, fort simple ; mais en pratique elle présente de grandes difficultés d'application.

La force électromotrice produite ainsi, e, est excessivement faible et serait couverte par les erreurs de l'expérience ; de plus, pour réaliser une expérience dans de bonnes conditions, il faut accroître l et v ; c'est-à-dire prendre un long barreau et le faire glisser très vite sur deux rails très longs, ce qui rend l'appareil inexécutable.

Méthode de M. Lippmann. — Mais il est possible de faire une détermination plus aisément réalisable en s'appuyant sur un principe analogue.

Supposons un disque de cuivre (*fig.* 70) tournant autour d'un axe horizontal parallèle à l'aiguille de déclinaison ; soit b le rayon de ce disque ; plaçons en B et C deux frotteurs qui recueillent le courant et le font passer au travers d'une boussole des tangentes G dont le cadre a un rayon égal à a, nous avons alors :

$$i = \mathrm{tang}\,\alpha\;\frac{H}{\dfrac{2\pi}{a}}$$

$$e = Hn\pi b^2$$

n étant le nombre de tours par seconde ; d'ailleurs $i = \dfrac{e}{r}$, donc :

$$\frac{H\,\mathrm{tg}\,\alpha}{\dfrac{2\pi}{a}} = \frac{Hn\pi b^2}{r}$$

Il *disparaît* et il reste :

$$r = \frac{n\pi b^2}{\mathrm{tg}\,\alpha} \cdot \frac{2\pi}{a}.$$

Cherchons la sensibilité de cette méthode au moyen d'un

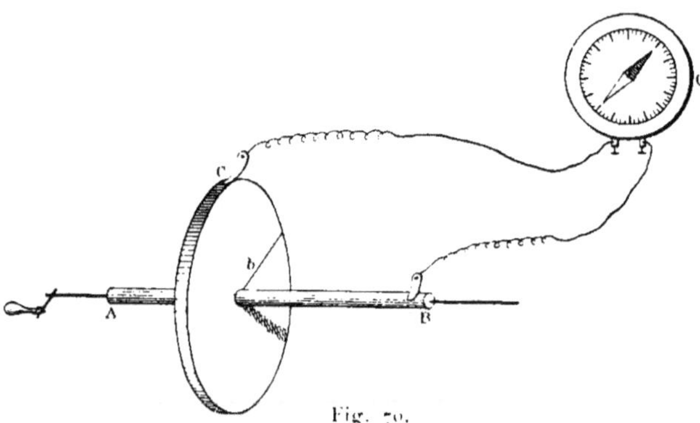

Fig. 70.

exemple numérique. Nous déduisons de la formule précédente :

$$\mathrm{tang}\,\alpha = \frac{n\pi b^2}{r} \cdot \frac{2\pi}{a}.$$

Supposons $b = 10$ centimètres, $n = 10$, $a = 30$ centimètres ; 1 mètre de fil de cuivre de 1 millimètre carré de section a une résistance de $\dfrac{1}{50}$ d'ohm ou $\dfrac{1}{50}$ 10^9 C. G. S. Donnons à ce fil 1 centimètre carré ; sa résistance deviendra :

$$r = \frac{1}{5000}\,10^9 = \frac{1}{5}\,10^6$$

et nous aurons :

$$\mathrm{tang}\,\alpha = \frac{1}{50}\,\text{environ.}$$

Cette méthode est donc applicable : la force électromotrice d'induction e est, il est vrai, très faible relativement à 1 Daniell : elle est de l'ordre des forces thermo-électriques ou de celles qui peuvent naître au contact des deux frotteurs ; néanmoins la méthode a le mérite d'être fort simple.

88. *Dimensions de la résistance*. — La résistance a les mêmes dimensions que le quotient d'une longueur par un temps :

$$r = \frac{L}{T};$$

la résistance a donc les dimensions d'une vitesse. On peut démontrer directement cet énoncé ; en effet, prenons la formule :

$$\mathcal{C} = ri^2 = \text{travail par seconde,}$$

le travail s'exprime par FL, pendant le temps T ; pendant une seconde, il sera :

$$\mathcal{C} = \frac{FL}{T}$$

donc :

$$ri^2 = \frac{FL}{T};$$

mais on sait que $i = \sqrt{F}$; $i^2 = F$; par conséquent :

$$Fr = \frac{FL}{T}$$

ou :

$$r = \frac{L}{T}.$$

La résistance a donc les dimensions d'une vitesse ; on dit quelquefois que c'est une vitesse, ce qui n'a pas d'autre sens que ce que nous avons dit précédemment.

Le multiple 10^9 C. G. S. se nomme l'*Ohm théorique*. Un moyen mnémotechnique pour se rappeler l'exposant 9 est le suivant :

$10^9 = 1\,000\,000\,000$ centimètres $= 10\,000\,000$ mètres par seconde $= \dfrac{1}{4}$ du méridien terrestre, donc :

$$10^9\,\text{C. G. S.} = \frac{\frac{1}{4}\ \text{du méridien terrestre}}{\text{seconde}} = \text{ohm.}$$

La méthode que nous avons exposée en dernier lieu n'a pas été appliquée ; nous ne l'avons indiquée que parce qu'elle est simple et qu'elle est la traduction très directe de la définition d'une résistance absolue ; celles que nous allons indiquer maintenant présentent toutes un caractère de complication beaucoup plus grand et ont toutes cet inconvénient qu'on y emploie des forces électromotrices variables. Nous allons passer ces méthodes en revue en commençant par celle de Weber.

89. *Méthode de Weber ou du cadre tournant* (*fig.* 71).— Considérons un cadre C mobile autour d'un axe vertical AB ; on lui fait

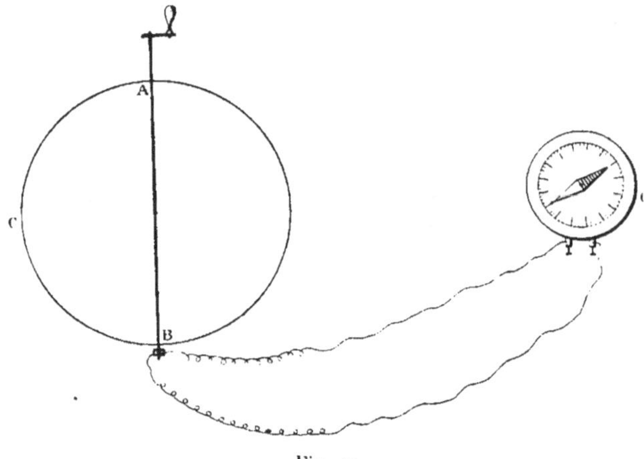

Fig. 71.

faire un quart de tour ; nous supposons qu'au début le plan du cadre coïncide avec celui du méridien magnétique ; on a ainsi un courant induit variable qu'on envoie dans une boussole des tangentes G. Ce courant dévie l'aiguille et on a soin que la durée du mouvement de rotation soit assez courte pour que l'aiguille ne fasse que recevoir une impulsion.

A chaque moment, e et i sont fonctions du temps et l'on a :

$$e = ri ;$$

multiplions par dt et intégrons :

$$\int e\,dt = r \int i\,dt ;$$

mais $\int i\,dt$ est la quantité q d'électricité, donc :

$$\int e\,dt = rq$$

$\int e\,dt$ se nomme la *force électromotrice totale*; on a à à chaque instant :

$$e = \mathrm{HS} \cos \alpha \,\frac{d\alpha}{dt}$$

intégrons :

$$\int_0^{\frac{\pi}{2}} \mathrm{HS} \cos \alpha \,d\alpha = \mathrm{HS}$$

donc nous avons :

$$rq = \mathrm{HS}.$$

Pour connaître q l'expérience intervient; on sait que l'on a :

$$a\alpha'' = -\,\mathrm{C}\alpha + \mathrm{D}i\mu\lambda$$

a étant le moment d'inertie de l'aiguille, D la constante de l'instrument; multiplions par dt et intégrons :

$$a\alpha' = -\,\mathrm{C}\!\int \alpha\,dt + \mathrm{D}\mu\lambda \int i\,dt.$$

Nous pouvons négliger le premier terme du second membre et nous aurons :

$$a\alpha' = \mathrm{D}\mu\lambda q$$

d'où nous tirons :

$$q = \frac{a\alpha'}{\mathrm{D}\mu\lambda} ;$$

α' ne peut se calculer que par la grandeur de l'impulsion.

Au moment où le courant cesse, on a :

$$a\alpha'' = -\,\mathrm{C}\alpha$$

d'où, en intégrant cette équation :

$$\alpha = \alpha_m \sin \mathrm{K}t$$

α_m étant l'élongation maximum. Prenons la dérivée :

$$\alpha' = \mathrm{K}\alpha_m \cos \mathrm{K}t.$$

Considérons la valeur initiale de x' pour $t = 0$; on a :

$$x'_0 = Kx_m.$$

Cherchons la valeur de K ; soit T la période d'une demi-oscillation, $KT = \pi$; d'où :

$$K = \frac{\pi}{T}.$$

Donc :

$$q = \frac{a}{D\mu\lambda}\, \frac{\pi}{T}\, x_m.$$

Par conséquent :

$$HS = r\, \frac{a}{D\mu\lambda}\, \frac{\pi}{T}\, x_m$$

d'où l'on tire pour la valeur de r :

$$r = \frac{HSD\mu\lambda T}{\pi a x_m},$$

mais on a :

$$T = \pi\sqrt{\frac{a}{C}} = \pi\sqrt{\frac{a}{H\mu\lambda}}$$

donc :

$$a = \frac{T^2}{\pi^2}\, H\mu\lambda$$

d'où l'on tire, en substituant dans HS :

$$S = \frac{T^2}{\pi^2}\, x_m\, \frac{\pi}{T}\, r\, \frac{1}{D}$$

ou enfin :

$$r = \frac{DS\pi}{x_m T}.$$

Cette valeur est plus simple en apparence qu'en réalité, car la valeur de D n'est pas très facile à obtenir à moins que l'aiguille ne soit infiniment petite.

On peut éliminer D en combinant cette méthode avec *la méthode de l'amortissement* due aussi à Weber. Cette méthode est la plus simple comme appareil et la plus compliquée comme formules.

Si l'on a un galvanomètre et que l'aiguille de ce galvanomètre oscille au centre d'un cadre, les courants induits par l'aiguille dans le cadre réagissent sur elle : si l'aiguille était isolée dans l'espace, elle oscillerait plus longtemps, n'étant alors amortie que par les résistances extérieures telles que le frottement de l'axe et la résistance de l'air ; mais, au centre d'un cadre, l'amortissement est beaucoup plus rapide. L'équation du mouvement de l'aiguille est :

$$az'' + bz' + cz = 0 ;$$

l'intégrale générale de cette équation est de la forme :

$$z = e^{-mt} \sin Kt$$

t étant le temps, m et K deux constantes ; nous avons vu que :

$$m = \frac{b}{2a} \cdot$$

Les oscillations se font à des temps distants de T ; donc quand on passe d'un maximum à un autre, l'amplitude varie dans le rapport e^{-mT}. Les amplitudes successives forment, par conséquent, une progression géométrique dont la raison est e^{-mT} : le logarithme de cette raison, $— mT$, se nomme le *décrément logarithmique* ; m s'obtient donc expérimentalement. Exprimons maintenant m en fonction de la résistance : on a : $m = \dfrac{b}{2a}$, a étant le moment d'inertie de l'aiguille et b le coefficient de z' dans l'équation du mouvement. Soit i l'intensité du courant induit engendré : le champ magnétique produit sera Di ; le couple agissant sera $Di\lambda$; i est un courant induit et a pour valeur

$$i = \frac{e}{r}$$

e étant la force électromotrice d'induction ; on obtient e en calculant le moment exercé sur l'aiguille par un courant égal à 1, passant dans le cadre, et en multipliant ce moment par la vitesse :

$$e = M_1 z'$$
$$e = D_2 \lambda z'.$$

Donc :

$$D\mu\lambda i = D\mu\lambda \frac{1}{r} D\mu\lambda\alpha'$$

$$D\mu\lambda i = \frac{D^2\mu^2\lambda^2\alpha'}{r}$$

d'où :

$$b = \frac{D^2\mu^2\lambda^2}{r}.$$

Sauf les corrections, le problème est donc résolu, car on a :

$$m = \frac{D^2\mu^2\lambda^2}{2\,ar};$$

m est connu expérimentalement ; donc, à condition de connaître D et $\mu\lambda$, nous tirons de là la valeur de r :

$$r = \frac{D^2\,\mu\lambda^2}{2am}.$$

Si l'on combine cette méthode avec la précédente en faisant servir la même boussole à la méthode des oscillations, on peut éliminer D. Weber a fait cette combinaison ; on arrive ainsi à une énorme complication de formule, par suite de la longueur des expressions donnant la valeur des périodes ; cette formule ne s'applique d'ailleurs qu'aux oscillations infiniment petites ; de plus D n'est pas une constante, mais bien une fonction de α ; de là une nouvelle difficulté.

90. Détermination de D. — Pour déterminer D, on est donc conduit à se servir d'un artifice : on prend la boussole petite, sensible, et on détermine D par comparaison.

On fait passer un courant intense i dans une grande boussole des tangentes sur le circuit de laquelle la petite est shuntée ; on a alors

$$\tan \alpha = D\varphi i,$$

φ étant la fraction connue de i que le shunt laisse passer dans la petite boussole ; i étant connu par la grande boussole, on a ainsi D.

Il y a une autre manière d'avoir D, c'est une méthode de compensation. On prend une boussole des tangentes et un circuit très grand concentrique au premier et situé dans le même plan, l'aiguille unique étant au centre des boussoles. Soit D la constante inconnue de la boussole intérieure et D' celle de la grande boussole qu'il est aisé de connaître avec précision. Faisons passer dans ces circuits deux dérivations i et i' d'un même courant de façon que ces courants circulent en sens contraires dans les deux cadres. Si i et i' sont convenables, l'aiguille restera au zéro; on aura donc

$$Di = D'i'.$$

r étant la résistance du circuit intérieur et r' celle du circuit extérieur augmentée d'une résistance variable à volonté et qui sert à ramener l'aiguille au zéro, on a

$$ir = i'r' \qquad \text{d'où} \qquad D = D'\frac{r}{r'}.$$

C'est la meilleure méthode pour avoir la valeur de D.

91. Causes d'erreur de la méthode précédente. — 1° *Torsion du fil.* — La torsion a pour valeur Kz: z étant l'angle de torsion et K une constante; pour avoir cette constante, on fait une expérience préliminaire :

$$K(\alpha - \varphi) = H\mu\lambda \sin \varphi$$

d'où nous tirons :

$$K = \frac{H\mu\lambda \sin \varphi}{\alpha - \varphi}.$$

Pour un aimant déplacé de l'unité d'angle, le couple total qui réagit est

$$H\mu\lambda + K = H\mu\lambda \left(1 + \frac{\sin \varphi}{\alpha - \varphi}\right);$$

posons

$$\tau = \frac{\sin \varphi}{\alpha - \varphi},$$

il vient :

$$H\mu\lambda + K = H\mu\lambda (1 + \tau);$$

on voit donc que, pour tenir compte de la torsion, il faut toujours multiplier par $1 + \tau$ le moment relatif à l'unité d'angle.

2° *Influence des extra-courants.* — La force électromotrice d'induction qui agit en sens inverse a pour expression :

$$L \cdot \frac{di}{dt} \; ;$$

L se nomme le coefficient de self-induction ou d'induction du courant sur lui-même.

On peut connaître L par le calcul ou par l'expérience.

Dans toutes les équations, L doit toujours avoir le signe $-$. Nous allons montrer maintenant que, dans la méthode du cadre tournant, L n'intervient pas ; en effet, nous avons :

$$q = \int i \, dt$$

avec :

$$i = \frac{1}{r} \left(e - L \cdot \frac{di}{dt} \right) ;$$

donc il vient, en faisant passer la valeur de i sous le signe $\int$:

$$q = \frac{1}{r} \int e \, dt - \frac{1}{r} \int L \cdot \frac{di}{dt} \, dt ;$$

le second terme du second membre est proportionnel à la différence des valeurs limites de i, nous aurons donc :

$$q = \frac{1}{r} \left[\int e \, dt - L \left(i_1 - i_2 \right) \right].$$

Or i_1 et i_2 sont nuls, car dans ses positions extrêmes le cadre est au repos ; le coefficient de L est donc nul et par suite L disparaît dans cette méthode.

Il n'en est pas de même dans la méthode de l'amortissement ; si à la valeur de e nous ajoutons le terme $- L \cdot \frac{di}{dt}$, l'équation différentielle du mouvement acquiert un terme de plus ; elle passe du second ordre au troisième et la solution devient très compliquée. Dans les dernières expériences qui ont été faites par ce procédé par M. Baille, notamment on a cherché, non pas à tenir compte de l'influence de la self-induction, mais à rendre négligeable le terme qui en provient ; pour cela on diminue L, en prenant peu de tours de fil et une aiguille à laquelle on ne fait faire que des oscillations infiniment petites ; mais alors la sensibilité de la méthode diminue d'autant.

3° Résistance et frottement intérieur du fil de torsion. — L'influence de ces actions moléculaires est indépendante des actions électriques et se fait sentir même quand il n'y a pas de courant : cette action est proportionnelle à la vitesse angulaire : il en est de même de l'action de l'air ; désignons par b_1 le coefficient d'amortissement provenant de ces causes : le coefficient du terme d'amortissement total sera $b + b_1$ et le terme d'amortissement sera $- b + b_1 \, x'$: on a b_1 par une expérience à blanc.

92. *Méthode de l'Association britannique.* — Cette méthode a été employée par l'Association britannique pour déterminer l'unité absolue de résistance : le principe en est dû à sir W. Thomson ; les expériences ont été exécutées par Fleming Jenkins et les calculs sont, pour la plupart, le résultat des travaux de Maxwell.

Cette méthode revient, au fond, à la méthode du cadre tournant. Pour obtenir une déviation constante de l'aiguille *fig.* 72 on donne au cadre un mouvement de rotation continu et très rapide ; mais on a supprimé le commutateur et les balais et c'est le cadre lui-même qui sert de boussole des tangentes. A cet effet, il est formé de deux bobines parallèles identiques, B, B' *fig.* 73 ,

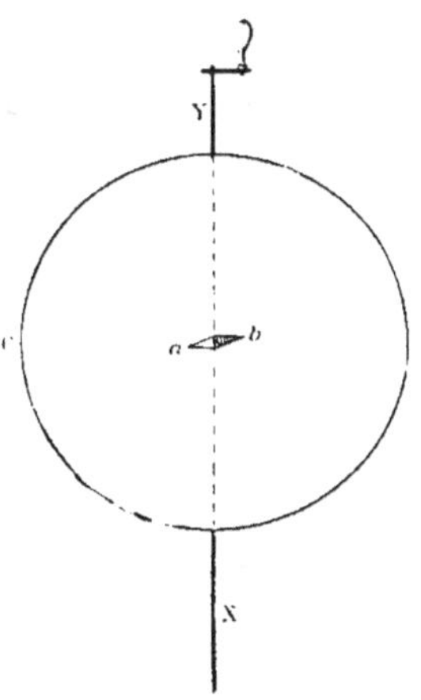

Fig. 72.

reliées entre elles aux deux extrémités du diamètre vertical ; la liaison supérieure forme un axe creux FG ; à travers cet axe passe un tube de verre terminé en boule et contenant le barreau aimanté *ab* ; la liaison inférieure est un axe moteur supportant une poulie D, commandée par une courroie sans fin ; pour que cette dernière ait toujours la même tension, on avait adopté un système tenseur formé de trois poulies α, β, γ et d'un poids P. Dans les premières expériences, le volant était mû à la main et un second volant de plomb, très lourd, régularisait le mouvement. On réalisait ainsi une vitesse angulaire α' qui donnait à l'aiguille une déviation constante φ.

Pour connaître α', on montait sur l'axe une vis sans fin qui engrenait avec une roue à cent dents ; à chaque tour, cette roue faisait sonner un timbre ; on comptait tous les trois coups de

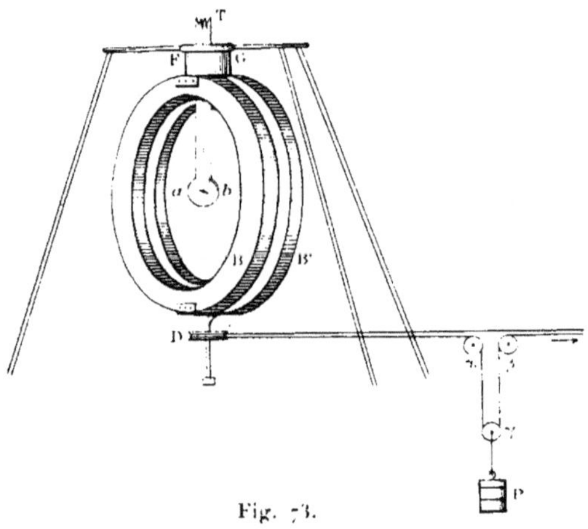

Fig. 73.

timbre ; on réalisait à peu près six tours par seconde. On a remplacé cette méthode par une autre beaucoup plus précise, comme nous le verrons plus loin.

Calcul de l'équation de l'expérience. — D'une façon générale, nous savons que l'on a :

$$i = \frac{\mathcal{E}}{r} \cdot$$

$\mathcal{E}$ étant la force électromotrice totale mise en jeu. Ici $\mathcal{E}$ se compose de trois termes : le premier est dû à l'action de la terre ; il a pour valeur :

$$HS \cos \alpha . \alpha'$$

α étant l'angle du plan d'une spire avec le champ magnétique H.

Le second est dû à l'induction de l'aiguille sur le cadre ; il est :

$$+ D\mu\lambda \sin(\alpha - \varphi)\,\alpha';$$

le troisième enfin est dû à l'extra-courant et a pour expression :

$$- L\frac{di}{dt},$$

de sorte qu'on aura pour la valeur de i :

$$(1) \qquad i = \frac{1}{r}\left[HS\cos\alpha.\alpha' + D\mu\lambda \sin(\alpha - \varphi)\,\alpha' - L\frac{di}{dt}\right]$$

$$ri + L\frac{di}{dt} = HS\cos\alpha.\alpha' + D\mu\lambda \sin(\alpha - \varphi)\,\alpha'.$$

Avec la relation $\alpha = \alpha' t$, on peut donc écrire :

$$ri + L\frac{di}{dt} = \left[HS\cos\alpha' t + D\mu\lambda \sin(\alpha' t - \varphi)\right]\alpha'.$$

Si cette équation était sans second membre, son intégrale générale serait :

$$i = Ce^{-\frac{r}{L}t};$$

l'intégrale de l'équation avec second membre sera :

$$i = Ce^{-\frac{r}{L}t} + \text{un terme périodique de même forme}.$$

Le premier terme disparaît pour $t = \infty$.

Le second terme a pour valeur exacte celle qui est donnée par la formule complète :

$$(2) \qquad i = Ce^{-\frac{r}{L}t} + \frac{\alpha'}{r^2 + L^2\alpha'^2}\left[SH(r\cos\alpha + L\alpha'\sin\alpha\right.$$

$$\left. + D\mu\lambda r\cos(\alpha - \varphi) + L\alpha'\sin(\alpha - \varphi)\right].$$

Il nous faut avoir φ en fonction de r ; a étant le moment d'inertie de l'aiguille, on sait que :

$$(3) \qquad a\varphi' = - H\mu\lambda \sin\varphi(1 + \tau) + D\mu\lambda \cos(\alpha - \varphi);$$

remplaçons i par sa valeur 2 et séparons les termes qui contiennent des facteurs constants; nous aurons :

$$(4)\quad a\varphi'' = \frac{1}{2}\frac{D\mu\lambda\alpha'}{r^2+L^2\alpha'^2}\left[SH\, r\cos\varphi + L\alpha'\sin\varphi + D\mu\lambda r\right]$$
$$- H\mu\lambda\,\sin\varphi + \tau\varphi' +$$
$$+\frac{1}{2}\frac{D\mu\lambda\alpha'}{r^2+L^2\alpha'^2}\left[SH\{r\cos(2\alpha-\varphi) + L\alpha'\sin(2\alpha-\varphi)\}\right.$$
$$\left.+ D\mu\lambda\{r\cos 2(\alpha-\varphi) + L\alpha'\sin 2(\alpha-\varphi)\}\right].$$

Reste maintenant à effectuer l'intégration : φ varie peu ; φ' diffère peu de zéro ; donc, pour que φ' soit nul, il faut que le terme constant soit nul. Il est donc possible de trouver la valeur de r sans intégrer. Il suffira d'écrire que le terme constant en φ est nul ; on obtient ainsi une équation du second degré en r :

$$(5)\quad r^2 - \frac{1}{2}\frac{DS\alpha'}{\sin\varphi+\tau\varphi'}\left(\cos\varphi + \frac{D\mu\lambda}{HS}\right)r - \frac{1}{2}\frac{DSL\alpha'^2}{1+\dfrac{\tau\varphi'}{\sin\varphi}} - L^2\alpha'^2.$$

Le terme constant, ramené dans le premier membre, est négatif, car L^2 est négligeable devant L. La racine positive seule convient. On peut se contenter de la valeur approchée suivante :

$$r = \frac{DS\alpha'}{2\tan\varphi\,(1+\tau)}\left[1 + \frac{D\mu\lambda}{SH}\sec\varphi\right.$$
$$\left.- 2\frac{L}{DS}\left(\frac{2L}{DS}-1\right)\tan^2\varphi\right].$$

Le terme principal ne contient pas $\mu\lambda$: il est indépendant du magnétisme de l'aiguille ; le second terme en dépend, parce qu'il représente l'action des courants induits dans le cadre. Le troisième terme représente une action qui disparaît avec L ; donc si un circuit n'a pas de self-induction, le dernier terme disparaît.

Maxwell et Jenkins ont fait osciller au centre du cadre une sphère d'acier aimantée ; la durée d'oscillation de cette sphère était de 10″. Mais, dans ces circonstances, les forces perturbatrices se font sentir manifestement : en effet, si l'on change le sens de la rotation, l'angle φ qui devrait prendre une valeur égale et de signe contraire prend bien une valeur de sens contraire, mais pas égale la différence des valeurs absolues peut aller jusqu'à 8 p. 100. On pense que cela tient aux perturbations dues à l'air ; on a remplacé la sphère aimantée par un petit cube de liège sur quatre arêtes parallèles duquel sont fixées quatre petites aiguilles aimantées formant un double système astatique *fig.* 74.

La difficulté est dans la détermination de D ; cette difficulté a obligé les expérimentateurs qui ont étudié cette question à recourir à divers artifices. Le premier de ces artifices a consisté, comme nous l'avons vu, dans l'adoption, au lieu d'une aiguille, d'une petite sphère aimantée; alors l'action magnétique est la même que si tout le magnétisme était transporté au centre de la petite sphère, et D se calcule alors très aisément ; mais cette méthode a elle-même des inconvénients.

Une autre difficulté est dans la détermination de L : en effet, le coefficient L de self-induction n'est pas connu par des formules exactes : dans le début les erreurs sur l'évaluation de L ont été si considérables qu'elles ont varié du simple au décuple.

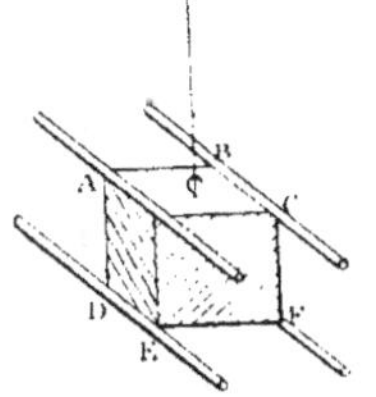

Fig. 74.

On a donc cherché à déterminer L sans calcul, ce qui est possible; en effet, si l'on effectue plusieurs expériences avec des vitesses différentes, le second membre de la nouvelle valeur de r doit contenir une nouvelle valeur de la vitesse angulaire α et une nouvelle valeur de φ. Entre ces équations on élimine L.

93. *Mesure de la vitesse : méthode stroboscopique.* — Un perfectionnement important a été l'adoption, pour la mesure de la vitesse, de la méthode stroboscopique *fig.* 75. Supposons que le cadre fasse dix tours par seconde et que nous ayons un axe AB tournant avec la même vitesse que lui, ce qu'on réalise aisément à l'aide d'une courroie sans fin. Sur cet axe est calée une roue R portant dix marques équidistantes : 1, 2, 3... 10. En avant de cette roue se trouve fixé un diapason D sur chacune des branches duquel est fixée une plaque p, p'; chacune de ces plaques porte une fente f, f'. D'ailleurs l'axe faisant dix tours et la roue portant dix marques, il est évident que chaque marque

prend la place de la précédente en un centième de seconde : si
le diapason fait 100 vibrations par seconde, les fentes s'occultent
100 fois par seconde : donc le rayon lumineux ne passe que tous
les centièmes de seconde, et, s'il y a coïncidence entre les deux

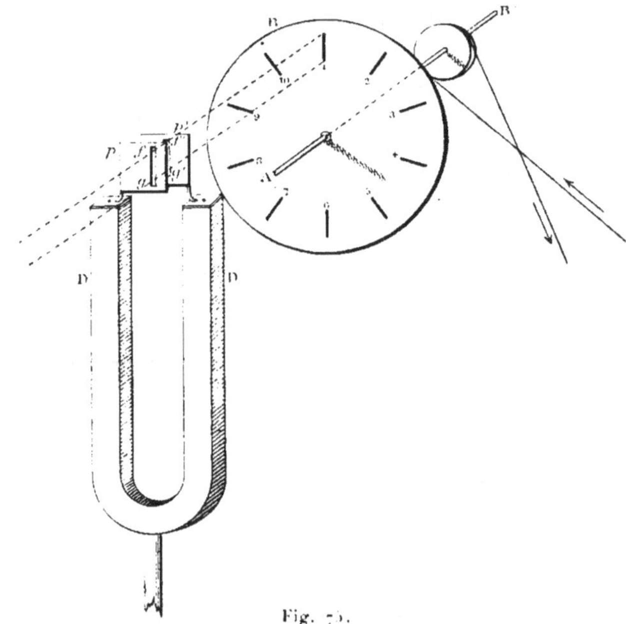

Fig. 75.

mouvements du diapason et de la roue, celle-ci semblera parfaitement immobile ; si au contraire le mouvement de la roue est
plus rapide que celui du diapason, elle semblera avancer dans
le sens de son mouvement, car on verra un blanc au lieu d'un
noir ; on aperçoit ainsi la différence des vitesses et l'on peut
régler le mouvement au moyen d'un frein manœuvré à la main.

Cette méthode est d'une extrême précision ; elle a été imaginée par Savart pour mesurer les contractions et les dilatations
de la veine liquide.

On a proposé aussi une méthode graphique pour la mesure de
la vitesse ; mais la précision obtenue est inférieure à celle que
fournit le stroboscope.

94. *Détermination de la résistance par l'induction réciproque des deux circuits. Méthode de Kirchhoff.*— Nous pouvons employer à cet effet l'induction déterminée dans un circuit par le déplacement d'un autre circuit. Soient deux circuits A et B *fig.* 76 ; si nous éloignons B et A, nous aurons en B une force

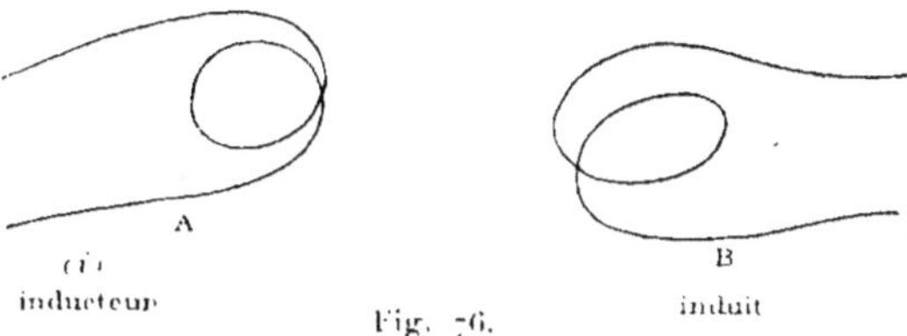

Fig. 76.

électromotrice qui dépendra de l'intensité de l'aimant qu'on pourrait supposer substitué à A et qui est proportionnelle, par conséquent, à i. On peut donc la représenter par Mi ; M se nomme le *coefficient d'induction mutuelle* des deux circuits ; on ne peut le calculer que dans quelques cas seulement.

Voici la manière dont a opéré Kirchhoff ; sa méthode est du reste la première en date.

Plaçons-nous dans un cas où M est calculable et supposons que sa valeur nous soit connue.

Prenons un circuit inducteur (1) *fig.* 77 parcouru par le cou-

Fig. 77.

rant d'une pile constante P ; faisons passer le courant induit à travers une résistance r, la quantité d'électricité sera $\dfrac{Mi}{r}$; si nous faisons passer le courant inducteur à travers le même galvanomètre, la constante de ce galvanomètre intervient deux fois et disparait lorsqu'on prend le rapport.

La figure ci-jointe montre la réalisation pratique de ces conditions *fig.* 78 ; le circuit induit (2), contenant le galvanomètre, est une dérivation du circuit inducteur (1) ; aux points de dérivation P et Q, on intercale une résistance (R). On fait passer d'abord le courant de la pile E; on note la déviation du galvanomètre, puis on éloigne le circuit (2 ; on obtient une impulsion due au courant induit.

Soit B la résistance du circuit inducteur, non compris R.

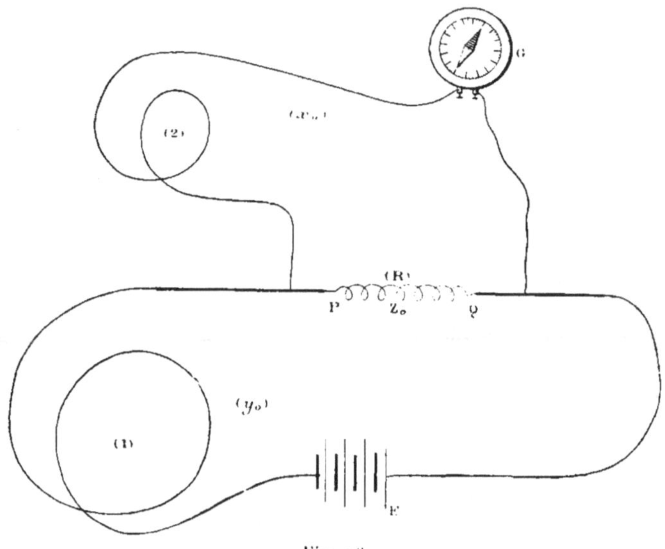

Fig. 78.

Soient : x_0 la valeur du courant dans le circuit induit, y_0 dans le circuit inducteur, z_0 dans la résistance PQ.

Les équations de Kirchhoff nous donnent pour l'état constant :

$$z_0 = y_0 - x_0 ;$$

écrivons $\Sigma ri = \Sigma e$:

$$B y_0 + R z_0 = E$$

ou :

$$(B + R) y_0 - R x_0 = E.$$

Pour le second circuit, nous aurons de même :

$$K x_0 - R z_0 = 0$$

ou :

$$(2) \qquad K + R \; x_0 - R y_0 = 0.$$

Ces équations se rapportent à l'état constant.

Passons à l'état variable ; il faut introduire x, y, z :

$$(B + R) \; y - R x = E + \text{force électromotrice d'induction}.$$

La force électromotrice d'induction se compose de deux termes :
l'un dû au premier circuit ; l'autre à la self-induction :

$$(3) \qquad B + R \; y - R x = E - \frac{d}{dt} \; M x + L y$$

$$(4) \qquad K + R \; x - R y = - \frac{d}{dt} \; (M y + N x).$$

Il faut former $\int (x - x_0) dt$ et $\int (y - y_0) dt$; multiplions les
équations (1), (2), (3), (4) par dt et intégrons, nous aurons :

$$(1') \qquad (B + R) \int y_0 dt - R \int x_0 dt = \int E dt$$

$$(2') \qquad (K + R) \int x_0 dt - R \int y_0 dt = 0$$

$$(3') \qquad B + R \int y dt - R \int x dt = - M x_0 + \int E dt$$

$$(4') \qquad (K + R) \int x dt - R \int y dt = - M y_0.$$

Retranchons (1') et (2') respectivement de (3') et (4'), nous aurons
ainsi :

$$(5) \qquad B + R \; q_0 - R q_1 = - M x_0$$

$$(6) \qquad K + R \; q_1 - R q_0 = - M y_0.$$

Éliminons q_1 et y_0 entre les trois équations 5, 6 et 2 : il vient :

$$\frac{q_1}{x_0} \frac{B + R \quad K + R + R^2}{B + R \quad K + R - R^2} \times \frac{M}{R}.$$

Si B et K sont très grands par rapport à R, nous aurons ainsi :

$$\frac{q_1}{x_0} = \frac{M}{R} :$$

le défaut de cette méthode est d'être très détournée.

Une méthode théoriquement parfaite serait celle où, se conformant aux dimensions de la résistance qui sont celles d'une vitesse, nous n'aurions à mesurer qu'une vitesse. Nous allons indiquer des méthodes réalisant cette condition.

95. *Méthode de Lorenz* (*fig.* 79). — Cette méthode est plus simple que celles qui ont été décrites plus haut ; peut-être est-

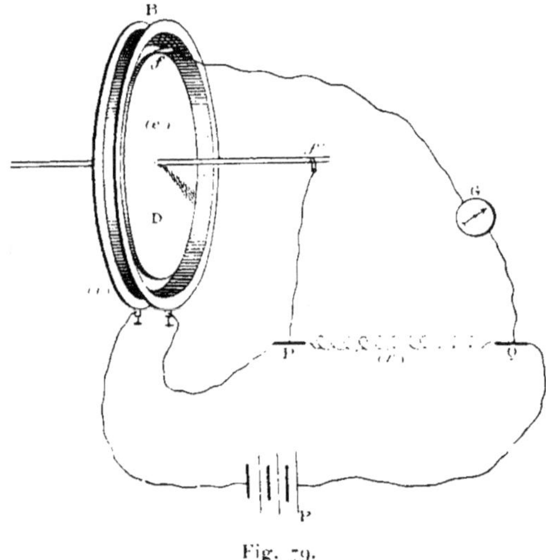

Fig. 79.

elle susceptible de plus de précision. Voici comment on fait pour obtenir une force électromotrice continue et constante. Un disque de cuivre tourne autour de son axe dans un champ magnétique perpendiculaire à son plan ; ce champ magnétique est fourni par une bobine B parcourue par un courant de pile constant. Entre deux points P et Q, séparés par une résistance r, on établit une dérivation contenant un galvanomètre et aboutissant au centre et à la circonférence du disque.

La différence de potentiel entre les points P et Q est égale à ri ; nous pouvons opposer la force électromotrice d'induction e due à la rotation du disque et ri de façon que ces deux forces électromotrices soient égales ; on a alors $e = ri$, et il suffit de constater que l'aiguille du galvanomètre ne dévie pas. C'est une méthode de zéro dans laquelle la quantité variable est la vitesse de rotation.

Or e est de la forme $C\omega i$, donc :

$$ri = C\omega i$$
$$r = C\omega ;$$

i s'élimine donc, C peut se calculer ; donc pour avoir r il suffit de mesurer la vitesse ω. Cette méthode est donc simple et élégante ; elle satisfait à la définition de la dimension d'une résistance, puisque la partie expérimentale se réduit à la mesure de $C\omega$ c'est-à-dire d'une vitesse.

La méthode de Lorenz, sous la forme que lui a donnée l'auteur, présente néanmoins quelques défauts. D'abord, le calcul de C est très compliqué. Il faut calculer le champ magnétique en chaque point des disques tournant en fonction des dimensions de la bobine fixe ; ce calcul se fait par des développements en série. De plus, on connait mal la position de chaque tour de fil dans la poulie fixe. Enfin, il faut admettre que le disque tournant n'a pas d'épaisseur, ce qui est une approximation. D'autre part, la force électromotrice développée est très petite ; il résulte de là que l'on ne détermine avec ce dispositif que de très petites résistances. De plus, le frottement des balais contre le disque produit une force électro-thermoélectrique dont il faut tenir compte, et cette correction est notable à cause de la petitesse du terme principal.

Il a donc paru utile de modifier la méthode de Lorenz de manière à rendre le calcul de C très facile et à augmenter considérablement la valeur de la force électromotrice induite. On a employé le dispositif suivant.

96. *Modification de la Méthode de Lorenz* [1]. — La bobine fixe de Lorenz est remplacée par une bobine infiniment longue représentée schématiquement en (1) (*fig.* 80). Le disque tournant est remplacé par une bobine mobile (2) située dans l'intérieur de (1). Cette bobine tourne autour d'un de ses diamètres, lequel

---

[1] Lippmann. *C. R.*, t. XCIII. p. 813, 955.

est perpendiculaire à l'axe de la longue bobine fixe, avec une
vitesse constante ω. Comme dans la méthode de Lorenz, un courant de pile d'intensité i circule à travers la bobine fixe, traverse
la résistance à mesurer r ou PQ, et la différence de potentiel

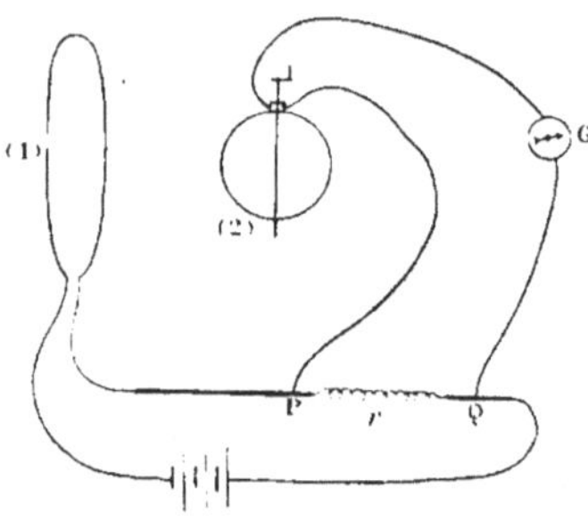

Fig. 80.

ri qui a lieu entre P et Q est opposée à la force électromotrice
induite dans la bobine (2). Cette force électromotrice est recueillie
par deux balais fixes, pendant un instant très court, juste au
moment où elle est maximum. L'équilibre est indiqué par un galvanoscope sensible placé en G ou même par un électromètre
capillaire, dont les indications sont instantanées.

La bobine (1) porte une seule couche de fil, N spires par centimètre. La bobine (2) porte une seule couche de fil mince et
enclôt une surface S. On a donc pour la force électromotrice
induite maxima

$$e = 4\pi\, Ni\, S\omega\,;$$

en égalant e à ri il vient

$$r = 4\pi\, NS\omega.$$

On voit que le coefficient C se réduit ici au produit $4\pi NS$,
qu'il est aisé de connaître exactement.

Cette méthode a été employée à la Sorbonne par M. Willeu-
mier. Il a ainsi déterminé une résistance égale à $\frac{1}{3}\, 10^9$ C. G. S.

$\left(\frac{1}{3}\ d'ohm\right)$ à $\frac{1}{10000}$ près.

97. ***Unités électriques pratiques***. — Nous avons vu dans tout ce qui précède que les unités adoptées étaient les unités C. G. S.; mais ces unités sont incommodes pour les mesures industrielles qui s'expriment en nombres trop élevés. On a donc adopté des unités *pratiques*, multiples connus des unités absolues C. G. S., et on leur a donné des noms spéciaux ; voici ces noms :

l'unité de courant se nomme l'*ampère* ;
l'unité de force électromotrice s'appelle le *volt* ;
l'unité de résistance s'appelle l'*ohm* ;
l'unité de quantité a reçu le nom de *coulomb* ;
enfin, l'unité de capacité se nomme *farad*.

Voici maintenant comment se définissent ces unités pratiques.

L'*ampère* est défini au moyen de l'unité C. G. S. correspondante.

$$1 \text{ ampère} = 10^{-1} \text{ C.G.S.}$$

L'*ohm* légal est un étalon défini d'une façon analogue au centimètre ; c'est une résistance égale à celle d'un étalon, déposé aux archives, formé d'une colonne de mercure de 1 millimètre carré de section et de 106 centimètres de longueur ; cette résistance diffère peu de 10^9 C. G. S., donc :

$$1 \text{ ohm légal} = (1 + \varepsilon) \, 10^{9} \text{ C.G.S.}$$

La fraction ε représente une petite correction que les physiciens peuvent se réserver de faire, mais dont on fait abstraction dans l'induction.

Le *volt* est défini comme étant la force électromotrice nécessaire pour entretenir un courant d'une intensité égale à 1 ampère dans une résistance égale à 1 ohm ; donc :

$$\frac{1 \text{ volt}}{10^{9} (1 + \varepsilon) \text{ C.G.S.}} = 10^{-1} \text{ C.G.S.}$$

$$1 \text{ volt} = 10^{8} (1 + \varepsilon) \text{ C.G.S.}$$

La précision avec laquelle on connaît le volt dépend donc de la fraction ε d'approximation de l'ohm.

Le *coulomb* est la quantité d'électricité débitée par un courant de 1 ampère pendant une seconde.

Par conséquent 10 ampères, par exemple, agissant pendant 5 secondes, fourniront 50 coulombs.

$$1^{\text{sec}} \times 1 \text{ ampère} = 10^{-1} \times 1^{\text{cc}} = 1 \text{ coulomb}.$$

Le *farad* est une capacité telle que, chargée avec une force électromotrice de 1 volt, il s'y emmagasine 1 coulomb.

$$1 \text{ farad} = \frac{1 \text{ coulomb}}{1 \text{ volt}}$$

$$1 \text{ farad} = 10^{-9} (1 + \varepsilon) ;$$

le farad est une capacité tellement grande qu'on a été obligé même de prendre comme unité pratique le *microfarad*, millionième de farad.

On a ainsi :

$$\text{microfarad} = 10^{-15} (1 + \varepsilon).$$

On peut se demander comment on a été conduit à adopter les multiples indiqués plus haut, plutôt que d'autres.

On a constaté que, en unités C. G. S., les résistances s'exprimaient par des nombres très considérables ; ainsi une unité Siemens était voisine de 10^9 C. G. S. Or le Siemens était l'unité courante, il était naturel de prendre comme unité pratique le multiple 10^9 C. G. S. très voisin de 1 Siemens ; telle a été la première définition de l'ohm. Alors les constructeurs se sont occupés d'avoir une résistance métallique égale à 1 ohm : M. Benoît a construit une colonne de mercure de 106 centimètres de longueur et de 1 millimètre carré de section ; dès lors, on définit l'ohm comme étant une résistance égale à cet étalon qui diffère fort peu de 10^9 C. G. S.

Il en a été de même pour le volt ; on s'est aperçu que la force électromotrice de 1 Daniell était voisine de 10^8 C. G. S. ; or le Daniell est un étalon courant ; il était donc naturel de prendre comme unité un multiple se rapprochant du Daniell ; ainsi est né le volt.

On a dès lors pris pour unité d'intensité l'intensité produite par un volt circulant dans un ohm : telle est l'origine de l'ampère.

Ces unités permettent de calculer, tantôt la sensibilité d'un instrument, tantôt la précision d'une méthode, tantôt l'énergie déployée dans un phénomène électrique quelconque. Nous allons donner quelques exemples de ces applications.

98. *Application; sensibilité des galvanomètres.* — Il y a des instruments [1], la boussole des tangentes par exemple, pour lesquels la sensibilité peut être connue d'avance ; soit, par exemple, une boussole dont le cadre a un rayon égal à 15 centimètres : nous aurons pour un seul tour :

$$\frac{i\,2\,\pi\,15}{15^2} = H\,\mathrm{tg}\,45^\circ, = H$$

en supposant qu'on veuille amener la déviation à être 45° ; H est égal environ à $\frac{1}{5}$, donc :

$$i = \frac{1}{2}\ \text{C.G.S. environ}$$

$$i = 5\ \text{ampères.}$$

Il faudra donc 5 ampères, avec un seul tour de fil, pour obtenir une déviation de 45° ; avec n tours de fil il suffira de $\dfrac{5}{n}$ ampères.

On a d'autres galvanomètres très sensibles, bien plus sensibles que la boussole des tangentes, mais pour lesquels il est impossible de calculer la sensibilité ; on ne peut la connaître qu'expérimentalement, voici comment : on prend un courant d'intensité connue en valeur absolue ; on en fait passer une fraction connue dans le galvanomètre à gradins et on note la déviation correspondante.

Par exemple, dans le galvanomètre de Lord Kelvin, on appelle sensibilité l'intensité de courant nécessaire pour donner une déviation de 1 millimètre du point lumineux sur l'échelle placée

---

[1] Voir, à la fin du volume, la description du galvanomètre et de l'électro-dynamomètre à mercure de M. Lippmann.

à 1 mètre de distance du miroir : on a trouvé ainsi pour trois instruments particuliers :

GALVANOMÈTRE	RÉSISTANCE	SENSIBILITÉ
Thomson : fil gros et court	0.374 ohm.	$\dfrac{1}{60.10^6}$ ampère.
— fil long et fin	1 828 ohms.	$\dfrac{1}{5\,000.10^6}$ ampère.
— —	7 314 ohms.	$\dfrac{1}{25\,000.10^6}$ ampère.

Comme application, cherchons si le galvanomètre d'environ 2 000 ohms de résistance pourra rendre sensible l'action de la terre sur un circuit tournant formé de 1 tour de fil de 300 cm² de surface.

Faisons faire à l'instrument une demi-rotation en partant de la position perpendiculaire au plan du méridien magnétique ; la force électromotrice induite totale est :

$$2H \times 300^{q} = 120 \; C.G.S.$$

La quantité q d'électricité induite sera, en unités absolues C.G.S. :

$$q = \frac{120}{2000.10^9}.$$

Supposons le mouvement de rotation continu, un commutateur changeant le sens du courant au moment où il passe par zéro ; pour un tour par seconde, l'intensité *moyenne* du courant donnera une déviation de 6 divisions de la règle.

99. *Application à l'électrochimie.* — Combien, avec un courant donné, pourra-t-on déposer de cuivre dans un temps donné ? il nous faut pour cela calculer l'équivalent électrochimique d'un courant donné : d'après la loi de Faraday la connaissance d'un seul nombre suffit.

Expérimentons, par exemple, avec de l'argent : on mesure en valeur absolue l'intensité du courant employé : on mesure aussi sa durée ; on pèse la quantité d'argent déposé. Voici les nombres donnés par Kohlrausch en 1873 : un courant de 1 C. G. S. dépose $0^{gr},01363$ d'argent par seconde ; si on divise par 108, on a le poids d'hydrogène libéré pendant le même temps : $0^{gr},0001262$. Pour un courant de 1 ampère, il faut diviser par 10 les nombres précédents.

Le galvanomètre se trouve être un instrument infiniment plus sensible que la balance ; on peut utiliser ses indications pour la mesure du poids d'hydrogène qui produit la polarisation d'une électrode : dans ces conditions la balance ne donnerait rien. On prend un galvomètre à travers lequel on décharge l'électrode ; la déviation fait connaître la quantité d'électricité qui a passé et par suite le poids d'hydrogène déposé.

100. *Application à la mesure d'énergie.* — On a en général :

$$\mathcal{C} = ei.$$

$\mathcal{C}$ correspond-il exactement à l'énergie chimique, mesurée par le dégagement de chaleur, multipliée par l'équivalent mécanique de la chaleur? En général, il n'y a pas tout à fait égalité; mais pour l'élément Daniell, par exemple, les deux nombres sont très voisins. Pour d'autres piles, il y a une différence très notable, qui peut même aller jusqu'à 10 ou 15 p. 100.

Exprimons le travail en kilogrammètres.

Nous avons d'abord :

$$c = e^{\text{volts}} \times 10^8$$
$$i = i^{\text{amp}} \times 10^{-1}$$

donc, multipliant membre à membre :

$$\mathcal{C} = ei = e\, i \times 10^7 \text{ ergs} ;$$

donc pour avoir $\mathcal{C}$ en kilogrammètres, nous aurons :

$$\mathcal{C}^{\text{kgrm}} = \frac{e\, i \cdot 10^7}{98\,000\,000} = \frac{e\, i}{9,8}.$$

Dans les applications industrielles on prend approximativement :

$$\mathcal{C}^{\text{kgrm}} = \frac{e\, i}{10}.$$

si nous voulons $\mathcal{C}$ en chevaux-vapeur, nous aurons :

$$(\mathcal{C})^{\text{chev vap}} = \frac{(e)\,(i)}{750}.$$

101. Applications numériques. — 1° *Lampes à incandescence.*
— L'un des modèles créés par Edison fonctionne avec 0,75 ampère ; la résistance de cette lampe est telle, à chaud, qu'il y a aux bornes une différence de potentiel de 110 volts ; la quantité de travail absorbée par le fonctionnement de la lampe sera :

$$\frac{110 \times 0,75}{75 \times 9,8} = \frac{1,1}{9,8}$$

environ $\frac{1}{9}$ de cheval-vapeur ; c'est ce que l'expérience a confirmé.

2° *Transport de l'énergie.* — On a une machine donnant une force électromotrice de 6 000 volts, la résistance r du circuit est de 400 ohms ; le travail sera :

$$(\mathcal{C}) = (e)\,(i) = \frac{(e)^2}{(r)}$$

$$(\mathcal{C})^{\text{ch}} = \frac{(e)^2}{(r)}\,\frac{1}{750}$$

$$(\mathcal{C})^{\text{ch}} = \frac{(6000)^2}{400 \cdot 750} = 160 \text{ chevaux.}$$

Telle est l'énergie au départ ; à l'arrivée nous aurons à appliquer la même formule, mais on a $(e)'$ et $(i)'$ au lieu de (e) et (i), s'il n'y a pas de perte de courant ; le rapport des deux travaux est alors, sans calcul aucun $\dfrac{(e)'}{(e)}$, le travail dépensé est $(e)\,(i)$; le travail recueilli est $(e)'\,(i)$: $[(e) - (e)']\,(i)$ est la chaleur dégagée dans le circuit.

Cherchons le maximum du travail récupéré $(e)'\,(i)$:

$$(i) = \frac{(e) - (e)'}{(r)}$$

$$(e)'\,(i) = \frac{(e)'\,[(e) - (e)']}{(r)}$$

$$(e)'\,(i) = \frac{(e)\,(e)' - (e)'^2}{(r)}.$$

Tout revient à chercher le maximum du numérateur; égalons sa dérivée à zéro :

$$(e) - 2(e') = 0$$

$$(e') = \frac{(e)}{2}.$$

Pour que le travail perdu soit le plus petit possible il faut que l'on ait :

$$[(e) - (e')]\, i = \text{minimum}$$

ce qui exige :

$$(e) - (e') = 0$$

$$(e) = (e').$$

CHAPITRE VI

Relation entre les deux systèmes d'unités électriques absolues.

102. *Introduction du nombre v.*— Nous avons étudié séparément le système électrostatique et le système électromagnétique; nous allons voir maintenant que ces deux systèmes ont entre eux une liaison très simple.

L'expérience montre que les quantités d'électricité mesurées électrostatiquement sont proportionnelles à ces mêmes quantités mesurées électromagnétiquement: désignons par v le coefficient de proportionnalité qui permet de passer de l'une à l'autre des mesures.

Désignons par des majuscules entre crochets les *unités* électrostatiques et par les minuscules correspondantes les mêmes unités prises dans le système électromagnétique : nous avons

$$[q] = v[Q].$$

L'unité électrostatique est beaucoup plus petite que l'unité électromagnétique ; v est le nombre d'unités électrostatiques contenues dans une unité électromagnétique : v a pour valeur numérique

$$v = 3 \times 10^{10}.$$

Toutes les autres unités des deux systèmes sont reliées simplement au moyen de v.

Les unités électrostatiques sont :

$$[Q], \ [I] = \left[\frac{Q}{T}\right], \ [E], \ [R], \ [C];$$

les unités électromagnétiques correspondantes sont :

$$q, \quad i = \frac{q}{\mathrm{T}}, \quad e, \quad r, \quad c.$$

Or nous avons :

$$q = c\, Q.$$

En comparant i et I nous voyons qu'on a :

$$\frac{i}{\mathrm{I}} = \frac{q}{\mathrm{Q}} = c,$$

par conséquent :

$$i = c\, \mathrm{I}.$$

Comparons E et e :

$$\mathrm{I} \cdot \mathrm{E} = \text{travail} = i \cdot e$$

$$\mathrm{E} = e \frac{i}{\mathrm{I}} = e\, c$$

donc :

$$[\mathrm{E}] = c\, e.$$

Comparons R et r :

$$\mathrm{R} = \frac{\mathrm{E}}{\mathrm{I}}, \qquad r = \frac{e}{i},$$

$$\frac{\mathrm{R}}{r} = \frac{\mathrm{E}}{\mathrm{I}} \cdot \frac{i}{e} = \frac{\mathrm{E}}{e} \cdot \frac{i}{\mathrm{I}} = c^2,$$

$$\mathrm{R} = c^2\, r.$$

Comparons enfin C et c :

$$\mathrm{C} \cdot \mathrm{E} = \mathrm{Q}, \quad c \cdot e = q,$$

$$\frac{\mathrm{C}}{c} \cdot \frac{\mathrm{E}}{e} = \frac{\mathrm{Q}}{q},$$

$$\frac{\mathrm{C}}{c} = \frac{\mathrm{Q}}{q} \cdot \frac{e}{\mathrm{E}},$$

$$\frac{\mathrm{C}}{c} = \frac{1}{c} \cdot \frac{1}{c} = \frac{1}{c^2}.$$

Donc enfin :

$$c = c^2\, \mathrm{C}.$$

Il ne nous reste plus qu'à mesurer le coefficient c.

103. *Les dimensions de v sont celles d'une vitesse.* — Si l'on représente maintenant par des lettres non entourées de crochets les nombres qui expriment les *mesures* dans les deux systèmes d'unités, v est défini par la relation :

$$Q = vq.$$

Or nous avons :

$$\frac{Q^2}{L^2} = F \quad \text{ou} \quad Q = L\sqrt{F},$$

d'ailleurs :

$$q = T\sqrt{F}$$

donc :

$$\frac{Q}{q} = \frac{L}{T} = v;$$

v a donc les dimensions d'une vitesse. On a dit quelquefois que v est une vitesse, mais c'est par suite d'une interprétation que nous allons indiquer.

104. *Interprétations de la valeur de v.*

1° Considérons, comme l'a fait Maxwell, une circonférence conductrice; mettons à sa surface une charge uniforme Q et désignons par L la longueur de la circonférence; la charge par unité de longueur est $\frac{Q}{L}$; faisons tourner la circonférence autour d'un axe perpendiculaire à son plan et passant par son centre : elle reste constamment en coïncidence avec elle-même. Soit ω la vitesse linéaire de chaque point; la quantité d'électricité qui défile à chaque instant devant un point donné du circuit est :

$$\omega \times \frac{Q}{L}.$$

Maxwell *admet* que le mouvement d'électricité ainsi produit produirait les mêmes effets électromagnétiques qu'un courant qui parcourrait le circuit avec l'intensité i; on a donc :

$$iv = \frac{Q}{L}\omega.$$

v étant le coefficient de proportionnalité entre i et $\frac{Q}{L}\omega$.

Mais nous avons :

$$\frac{Q}{L} = \sqrt{F}.$$

donc :

$$v = \omega\sqrt{F};$$

mais on a aussi :

$$i = \sqrt{F},$$

donc il reste :

$$v = \omega.$$

v a donc la dimension d'une vitesse linéaire ω d'une part, et d'autre part v est la vitesse qu'il faut donner à une charge statique Q pour produire les mêmes effets qu'un courant d'intensité électromagnétique numériquement égale à Q.

2° Considérons en second lieu deux plans conducteurs indéfinis, P et P′, que nous supposerons parallèles et chargés d'électricité positive.

Désignons par μ et μ' les charges par centimètre carré que possède respectivement chacun de ces plans : ils se repoussent avec une force qui aura pour expression :

$$F = 2\,\pi\mu\mu'$$

pour un centimètre carré.

Supposons que ces plans glissent chacun sur lui-même avec des vitesses linéaires parallèles ω et ω'. Admettons avec Maxwell qu'un plan chargé d'électricité et glissant ainsi se comporte comme un courant de même sens parcourant un plan immobile ; alors nous avons deux courants de même sens : ils s'attirent avec une force F′ et l'on peut concevoir qu'il soit possible de donner à ω et à ω' des valeurs telles que l'on ait

$$F = F'.$$

Cherchons la valeur de F′.

Prenons pour cela dans l'un des plans une bande de largeur dx (*fig.* 81). Cherchons l'action de cette bande sur un point A qui en est distant d'une longueur ρ ; cette action produit un champ magnétique ayant pour valeur

$$\frac{2 \, \mu \omega d.x}{\rho}$$

ce champ est perpendiculaire à AM.

Au lieu d'un simple point, mettons en M un élément de

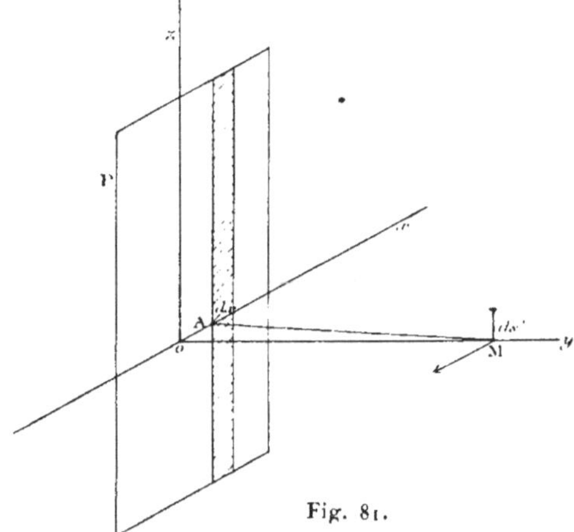

Fig. 81.

courant ds' d'intensité i', l'action résultante élémentaire sera donc :

$$f = \frac{2 \, \mu \omega d.x \; i'ds'}{\rho} \; ;$$

l'action sera dirigée suivant MA. Par raison de symétrie, si nous considérons l'action sur tout le plan P, cette action résultante finale sera dirigée suivant MO. Projetons donc sur MO et faisons la somme :

$$f \cos \alpha = \frac{2 \, \mu \omega d.x \; \cos \alpha \; i'ds'}{\rho} \; ;$$

mais

$$\frac{d.x \cos \alpha}{\rho} = d\alpha,$$

car $dx \cos \alpha = \rho\, d\alpha$. Donc :

$$f \cos \alpha = 2\, \mu\omega\, d\alpha\, i'ds'.$$

Faisons la somme :

$$\sum f \cos \alpha = 2\, \mu\omega\, i'ds' \sum_{-\frac{\pi}{2}}^{\frac{\pi}{2}} d\alpha$$

$$\sum f \cos \alpha = 2\, \mu\omega i'ds'.\,\pi$$

$$= 2\, \pi\mu\omega\, i'ds'.$$

Mais au point M nous n'avons pas un vrai courant : en réalité, nous avons une portion de plan en mouvement ; i' sera donc de la forme $\mu'\omega'dx'$, dx' étant la largeur d'une bande comme précédemment, et, si l'élément est ds', nous aurons :

$$i'ds' = \mu'\omega'dx'ds'.$$

Considérons tous les éléments compris dans un centimètre carré : nous aurons donc :

$$F'\alpha = 2\, \pi\mu\omega\mu'\omega' ;$$

pour que nous ayons $F = F'$, il faut :

$$\rho^2.\, 2\, \pi\mu\mu' = 2\, \pi\mu\mu'\omega\omega'$$

d'où résulte la condition :

$$\rho^2 = \omega\omega' ;$$

et si nous prenons $\omega = \omega'$, nous avons :

$$\rho^2 = \omega^2, \quad \rho = \omega.$$

ρ est donc la vitesse commune qu'il faut donner à deux plans chargés positivement pour que leur attraction électrodynamique fasse équilibre à leur répulsion électrostatique.

Cette interprétation, on le voit, est fort simple ; mais elle soulève néanmoins une difficulté : s'il en était ainsi, deux plateaux électrisés posés côte à côte sur une table, animés qu'ils sont d'une vitesse commune de translation qui est celle de la terre, devraient exercer l'un sur l'autre une action constante ; il s'ensuivrait une correction, et on pourrait même déduire de là la vitesse absolue de translation de la terre dans l'espace.

Pour tourner cette difficulté, Weber a fait une hypothèse différente : il suppose qu'un courant n'équivaut pas au déplacement d'une charge statique, mais au déplacement de deux charges, l'une positive, l'autre négative, s'effectuant en sens contraire l'un de l'autre, avec des vitesses ω et $\frac{\omega}{2}$; on échappe ainsi à la considération des vitesses absolues.

Toutefois, l'hypothèse de Maxwell a reçu des expériences de M. Rowland une confirmation expérimentale : ce savant a pris un plateau d'ébonite qui pouvait tourner autour d'un axe, comme un plateau de machine électrique, et qui s'électrisait par frottement : il réalisait ainsi la première conception de Maxwell, c'est-à-dire le courant circulaire se mouvant sur lui-même. Il a donné à ce disque une vitesse de rotation très considérable ; or, il a constaté que ce système agissait, faiblement, il est vrai, mais d'une manière assez nette pour ne pouvoir le révoquer en doute, sur une aiguille aimantée, mise à l'abri de l'agitation de l'air et des influences statiques par une boîte métallique formant écran électrique.

105. *Mesure expérimentale de la valeur de v.* — Il nous reste maintenant à trouver expérimentalement la valeur du nombre v. On l'obtient en mesurant une même quantité électrique, d'une part dans le système électrostatique, d'autre part dans le système électromagnétique et en prenant le rapport des nombres obtenus. Il y a donc plusieurs méthodes suivant qu'on s'adresse à une quantité d'électricité, à une force électromotrice, etc.

1° *Méthode de Kohlrausch et Weber.* — On prend une bouteille de Leyde et l'on détermine électrostatiquement sa charge ; soit C sa capacité, E la différence de potentiel, on a :

$$Q = CE ;$$

C se mesure expérimentalement par comparaison avec une sphère isolée.

E se mesure au moyen d'un électromètre qu'on a, au préalable, gradué en valeur absolue par comparaison avec une balance de torsion.

Il reste à évaluer cette même charge en unités électromagnétiques q; on ramène la bouteille à avoir la même charge; on la décharge à travers une boussole des tangentes; on a ainsi q, expression de la charge en unités électromagnétiques.

2° *Méthode de Lord Kelvin.* — Cette méthode consiste à mesurer une force électromotrice dans les deux systèmes.

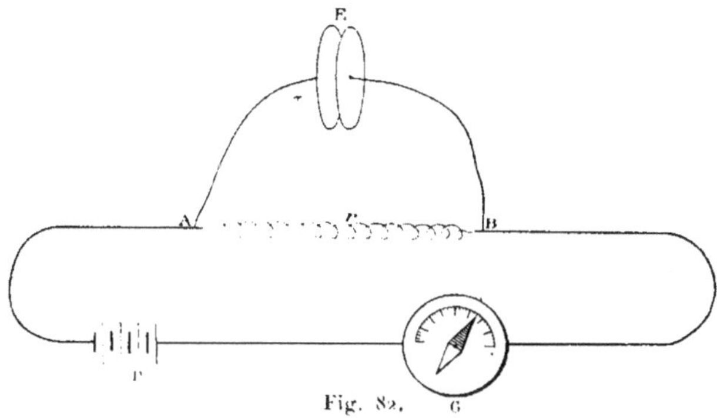

Fig. 82.

On prend une pile P *fig.* 82 dont on fait passer le courant à travers une résistance r: i se mesure par un galvanomètre ou un électrodynamomètre G et on a pour la différence de potentiel entre A et B en unités électromagnétiques :

$$e = ri.$$

Aux deux extrémités A et B de la résistance r aboutissent deux fils qui communiquent avec les deux plateaux d'un électromètre absolu E qui donne la même différence de potentiel en unités électrostatiques E.

Il y a quelque difficulté à observer à la fois deux instruments. Maxwell a imaginé de rendre les deux instruments solidaires. L'électromètre est formé de deux plateaux qui s'attirent; le dynamomètre est formé de deux bobines qui se repoussent. On règle l'appareil de manière que les deux forces se fassent équilibre : c'est une méthode de zéro. L'équilibre subsiste quelle que soit l'intensité i, puisque l'une et l'autre force sont proportionnelles à i^2.

Cette méthode est indirecte puisqu'elle exige la connaissance de r ; r se mesure par comparaison avec l'ohm étalon.

On peut concevoir une méthode directe, dans laquelle l'ohm n'a pas à intervenir ; faisons tourner une bobine avec une vitesse connue de manière à créer une force électromotrice connue e ; on peut se servir de cette force électromotrice e pour charger un électromètre absolu qui donne sa valeur en unités électrostatiques E.

Sous cette forme simple, la méthode manquerait de sensibilité ; la force électromotrice e ne chargerait pas suffisamment l'électromètre absolu. On peut la rendre plus sensible en faisant

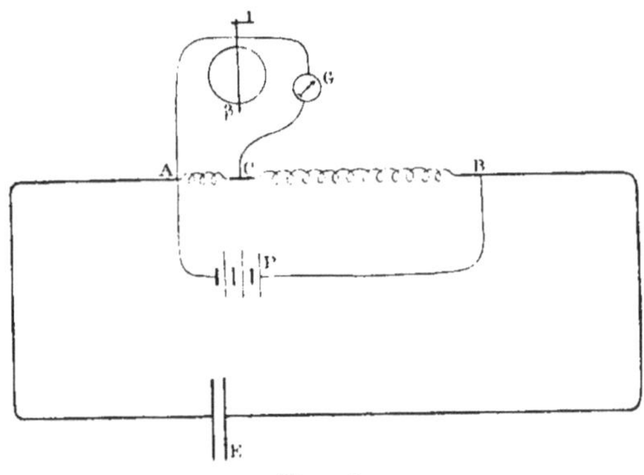

Fig. 83.

passer le courant i d'une pile P (*fig.* 83) à travers une grande résistance $AB = r'$. On oppose la force électromotrice e à la différence de potentiel qui existe entre les extrémités A, C d'une résistance r prise sur la première. On a donc $ri = e$. D'autre part, la différence de potentiel $r'i$ entre A et B sert à charger l'électrodynamomètre au potentiel E ; d'où $eE = r'i$. Et par suite :

$$\frac{e}{eE} = \frac{ri}{r'i}$$

d'où l'on tire :

$$e = \frac{e}{E}\frac{r'}{r}.$$

$\dfrac{r'}{r}$ est le rapport de deux résistances, donc facile à déterminer très exactement.

106. *Applications numériques*. — Nous allons donner quelques applicatons numériques qui exigent la connaissance du nombre v.

Problème. — *Quel rayon faudrait-il donner à une sphère isolée, pour qu'elle ait une capacité de 1 microfarad?*

Nous savons que

$$1 \text{ microfarad} = \frac{1 \text{ farad}}{1\,000\,000};$$

d'ailleurs le farad est défini par la relation :

$$1 \text{ farad} \times 10^8 = 1^{\text{me}} \times 10^{-1}$$

donc :

$$1 \text{ farad} = 10^{-9} \text{ C.G.S.},$$

par suite

$$1 \text{ microfarad} = 10^{-15} \text{ C.G.S.}$$

mais on sait que

$$v = 3 \times 10^{10}$$

$$v^2 = 9 \times 10^{20}$$

donc, comme C s'exprime en centimètres,

$$C = 10^{-15} \times 9 \times 10^{20}$$

$$= 9 \times 10^{5} \text{ cent}$$

$$= 9 \times 10^{3} \text{ mètres};$$

donc le rayon demandé est égal environ à 9000 mètres.

Cette dimension énorme a fait abandonner les sphères isolées comme étalons de capacité et a déterminé les savants électriciens à employer des condensateurs à lames d'étain, séparées par du papier paraffiné ; un condensateur de 1 microfarad de capacité ainsi construit aurait, développé sur un plan, une surface voisine de 11 mètres carrés.

Remarque. — Il était naturel que l'on se demandât s'il ne serait pas possible de trouver un système d'unités fondamentales telles que les mesures électrostatiques y soient exprimées par les mêmes nombres que les mesures électromagnétiques; autrement dit, s'il serait possible de trouver un système où l'on aurait $v = 1$.

Il suffit pour réaliser cette condition, comme l'a fait voir Clausius, de prendre comme unité de longueur :

$$l = 3 \times 10^{10} \text{ cent}$$

$$l = 3 \times 10^{8} \text{ mètres}$$

$$l = 300\,000 \text{ kilomètres.}$$

107. *Décharge oscillatoire d'un condensateur*. — Désignons par Q la charge au temps t, par V la différence de potentiel à la même époque; si nous représentons par C la capacité de l'instrument (*fig.* 84) nous aurons :

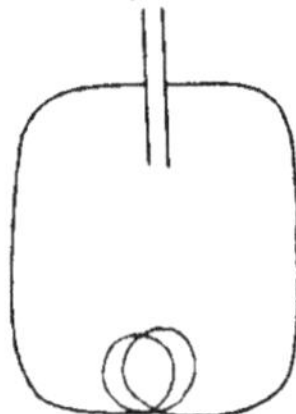
Fig. 84.

$$Q = CV,$$

en unités électrostatiques.

Si nous voulons passer aux unités électromagnétiques nous aurons :

$$q = \frac{Q}{v} = \frac{CV}{v} = cv.$$

Écrivons que la loi d'Ohm est vérifiée dans le circuit ; nous aurons alors :

$$ri = V - L.\frac{di}{dt},$$

L étant le coefficient de self-induction (le second terme se rapporte à la force électromotrice d'induction); ou, en unités électromagnétiques :

$$ri = e - L.\frac{di}{dt}.$$

Mais on a :

$$i\,dt = -\,dq$$

$$i = -\,\frac{dq}{dt}$$

$$\frac{di}{dt} = -\,\frac{d^2q}{dt^2}\,;$$

de plus :

$$e = \frac{q}{c}\,.$$

Substituant, il vient :

$$-\,r\,\frac{dq}{dt} = \frac{1}{c}\,q + \mathrm{L}\,\frac{d^2q}{dt^2}$$

ou :

$$\frac{q}{c} + r\,\frac{dq}{dt} + \mathrm{L}\,\frac{d^2q}{dt^2} = 0.$$

L'intégrale générale de cette équation différentielle est :

$$q = q_0\,e^{-mt}\,\sin \mathrm{K}t$$

avec

$$m = \frac{r}{2\mathrm{L}}$$

$$\mathrm{K} = \frac{1}{2\mathrm{L}}\,\sqrt{\frac{4\mathrm{L}}{\mathrm{C}} - r^2}\,;$$

la condition de réalité est :

$$r^2 < \frac{4\mathrm{L}}{\mathrm{C}}\,.$$

Si elle est satisfaite, la décharge est oscillatoire comme le montre la courbe de la figure 85 ; cette courbe est celle qui représente le mouvement du pendule dans l'air.

De là une autre conséquence : la charge du condensateur, pendant la décharge, est alternativement positive et négative.

108. *Théorie de Lord Kelvin.* — Lord Kelvin admet qu'un

... traverse pendant ... un champ magnétique dont l'énergie
... résulte ...

$$\frac{1}{2} L i^2$$

... sous la production de chaleur ...

... on sait que le travail de la décharge pendant le temps dt
... est ... de l'énergie pendant le même temps. Soit E

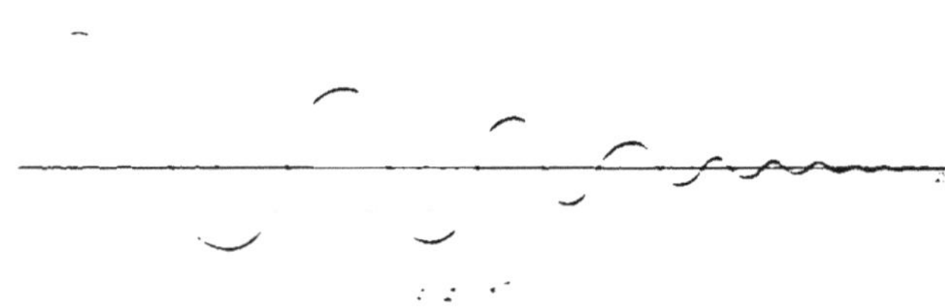

... différence de potentiel entre les deux armatures ; l'énergie
... est E ... sous production de chaleur, et l'on aura :

$$E ... = ... - \frac{1}{2} L i^2$$

$$E ... = ... - L \frac{...}{...}$$

$$E = \frac{...}{...}$$

$$... = ... = - \frac{...}{...}$$

$$... = \frac{...}{...}$$

... on retrouve ... l'équation à laquelle nous
... avons ...

$$... = \frac{...}{...} - L \frac{...}{...} = ...$$

Si nous comparons le courant à un courant d'eau (*fig. 86*), les
décharges se présentent comme analogues au déversement qui se
produit entre deux vases communiquants A, B, dans lesquels,
par une cause quelconque, on a déterminé une différence de
niveau h. Évidemment, l'état final sera un niveau commun HK ;
mais, avant d'y arriver, le liquide éprouvera dans le vase B (la
cause déterminant la différence ayant cessé d'agir) un mouvement
qui lui fera dépasser un peu HK ; il arrivera en p_1 q_1 et alors,

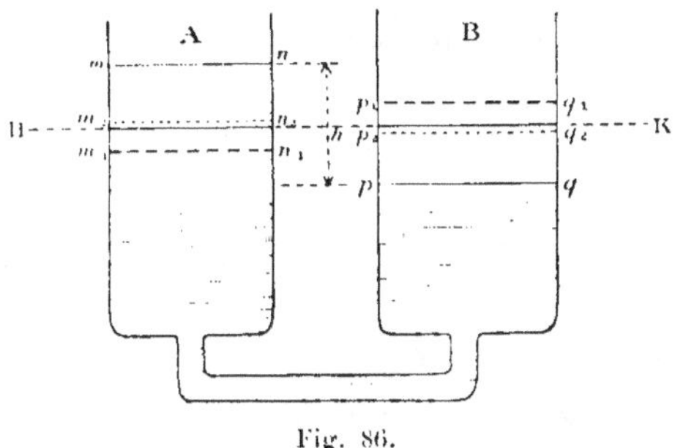

Fig. 86.

dans A, il descendra en $m_1 n_1$, au-dessous de HK, puis il s'élèvera
de nouveau en $m_2 n_2$, un peu au-dessus de HK ; dans B, il baissera
de la même quantité et exécutera ainsi une série d'oscillations
avant d'atteindre sa position limite HK.

On ne peut pourtant pas pousser jusqu'au bout la comparaison
de l'électricité à un fluide pondérable comme l'eau : en effet, dans
le cas des liquides, le terme $\frac{1}{2} mv^2$ est indépendant de la forme
du tube ; au contraire, dans le cas de l'électricité, ce terme dépend
de la forme du circuit.

109. *Vérifications expérimentales*. — La première vérification est due à Œttingen. Ce physicien a opéré avec une bouteille de Leyde qu'il déchargeait par étincelle. Œttingen a constaté que la charge résiduelle conservée par l'armature intérieure
est tantôt positive, tantôt négative, suivant la phase où le phénomène de décharge est interrompu par la suppression brusque
de l'étincelle. Il est nécessaire de prendre le signe de la charge
résiduelle aussitôt après la décharge, au moyen d'un dispositif

spécial, pour éviter que l'électricité absorbée par le verre ait le
temps d'apparaître.

D'autres expériences de vérification sont dues à *Feddersen;*
elles ont été faites en projetant à l'aide d'un miroir concave,
mobile autour d'un de ses diamètres, l'image réelle de l'étincelle
de décharge sur une plaque photographique : il a obtenu une
image dissociée de l'étincelle formée d'une série d'images partielles, équidistantes, de forme conique, et tournant alternativement leurs pointes vers le haut et vers le bas. Cette alternance
indique bien le caractère alternatif de la décharge.

Le caractère oscillatoire de la décharge a été vérifié par
Helmholtz par la méthode suivante. Un condensateur C est placé

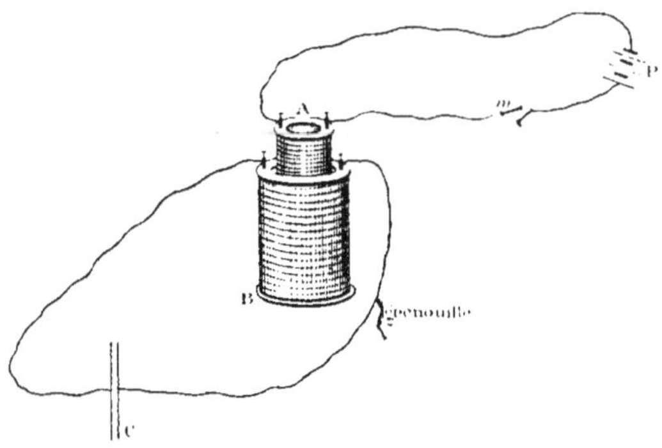

Fig. 87.

dans le circuit d'une bobine B *(fig. 87)* qui sert successivement
de circuit de charge et de décharge. Une bobine A, placée dans
l'intérieur de la première, reçoit le courant d'une pile P. Si l'on
interrompt ce courant en *m*, au temps 0, C se charge par le courant induit de rupture, puis se redécharge aussitôt. Une patte
de grenouille, servant de galvanoscope, peut être intercalée au
temps *t* dans le circuit de décharge. Un rhéotome formé par la
masse d'un pendule permet de faire varier le temps *t*. Avec ce
dispositif le circuit de décharge n'est jamais ouvert : il n'y a pas
d'étincelle.

Mouton a modifié cette disposition en employant un rhéotome
tournant et en remplaçant la patte de grenouille par un électro-

mètre de Thomson; il a construit la courbe expérimentalement et les résultats qu'il a obtenus ainsi sont absolument conformes à ceux qu'indique la théorie, seulement l'origine de sa courbe est mal déterminée.

110. *Propagation de l'électricité dans un câble transatlantique. Problème de Lord Kelvin.* — Soit un long fil isolé, dont chaque unité de longueur possède une capacité électrique finie c: telle est l'âme en cuivre d'un câble transatlantique. Si l'on essaye de faire passer un courant de pile à travers ce fil, l'expérience montre qu'il faut un temps très appréciable pour qu'il s'établisse un courant uniforme dans toute sa longueur, plusieurs secondes pour un câble transatlantique. Cette durée du régime variable a été un obstacle sérieux aux débuts de la télégraphie transatlantique. Lord Kelvin a levé la difficulté après avoir analysé ce phénomène. Essayons d'en établir la loi.

Le retard en question tient à ce que chaque section du fil met un temps fini à acquérir sa charge finale. Soit x la distance d'un élément de longueur à l'origine; soit dx la longueur infiniment petite de cet élément; soit r la résistance de l'unité de longueur: la résistance de l'élément considéré est $r\,dx$. Cette résistance, multipliée par l'intensité i du courant, est, d'après la loi d'Ohm, égale à la force électromotrice, c'est-à-dire à $-\dfrac{\partial V}{\partial x}\,dx$, V étant le potentiel en x. On a donc d'après la loi d'Ohm

$$(1) \qquad ri = -\frac{\partial V}{\partial x}.$$

D'autre part, appelons μ la charge moyenne par unité de longueur pour l'élément considéré; la charge de l'élément dx est $\mu\,dx$; cette charge varie avec la vitesse $\dfrac{\partial \mu}{\partial t}\,dx$. L'intensité du courant étant i à l'entrée de l'élément, $i + di$ à sa sortie, l'excès de la quantité d'électricité qui entre sur celle qui sort par unité de temps est égal à $-di$, ou à $-\dfrac{\partial i}{\partial x}\,dx$.

On a donc

$$(2) \qquad \frac{\partial \mu}{\partial t} = -\frac{\partial i}{\partial x}.$$

Telles sont les deux équations du problème. Afin d'intégrer leur système, supposons le fil assez long pour qu'un segment de longueur ε, assez petit par rapport à la longueur totale pour que la variation de i et de μ puisse y être considérée comme linéaire, soit néanmoins infiniment grand par rapport au rayon du fil. Dans ce cas, on peut considérer le potentiel V, au milieu du segment ε, comme dû uniquement aux charges portées par ce segment, les termes dus aux charges extérieures étant relativement négligeables. On a par suite $V = K\mu$, μ étant la densité au milieu de l'élément et K une constante qui dépend du rayon. L'équation (1) devient

$$(1') \qquad\qquad ri = -K \frac{\partial \mu}{\partial x};$$

différencions par rapport à x; il vient

$$r \frac{\partial i}{\partial x} = -K \frac{\partial^2 \mu}{\partial x^2}$$

et à cause de (2)

$$r \frac{\partial \mu}{\partial t} = K \frac{\partial^2 \mu}{\partial x^2}.$$

Cette équation est de la même forme que celle qui régit la propagation de la chaleur dans un fil conducteur pendant l'état variable.

L'intégrale générale est la somme de deux exponentielles; μ est représenté en fonction de x par une courbe qui s'étale et se déforme quand on fait croître le temps. C'est ainsi que se propage non seulement la chaleur dans un fil, mais une crue dans un canal. Les temps nécessaires pour qu'une même valeur de μ atteigne les extrémités de deux fils qui ne diffèrent que par leur longueur sont entre eux, non comme ces longueurs, mais comme leurs carrés.

Il n'y a donc pas de vitesse de propagation de l'électricité dans le cas des câbles transatlantiques.

111. *Propagation d'une onde électrique dans un fil. Problème de Kirchhoff.* — Il y a au contraire une vitesse de propagation dans le cas traité par Kirchhoff, qui est le suivant.

On trouble l'équilibre électrique dans un fil isolé par un moyen quelconque, par exemple par un courant d'induction; puis on abandonne le fil à lui-même au temps zéro. Dans quel état se trouve-t-il au temps t? Tel est le problème résolu par Kirchhoff.

Le rétablissement de l'équilibre se faisant en peu de temps, les courants électriques qui existent au temps zéro disparaissent rapidement. La force électromotrice d'induction e qui en résulte est donc notable. Écrivons d'abord que la loi d'Ohm est satisfaite pour un élément du fil. Il vient

$$(1) \qquad ri = -\frac{\partial V}{\partial x}\, v + e.$$

Écrivons en outre, comme dans le problème précédent, l'équation relative à la vitesse de variation de la charge μ d'un élément : il vient

$$(2) \qquad \frac{\partial \mu}{\partial t} = \frac{\partial i}{\partial x}\, v.$$

On introduit dans ces deux équations le facteur v afin d'exprimer tous les termes en unités électromagnétiques.

Kirchhoff établit les propriétés des intégrales des équations (1) et (2) pour le cas limite où le rayon du fil est infiniment petit, ainsi que sa résistance totale. Nous pouvons arriver plus simplement aux mêmes conclusions en admettant, ce qui est exact, que la charge électrique du fil est superficielle, ainsi que les courants qui s'y produisent.

Soit l la distance d'un élément de surface $d\sigma$ du fil au point dont l'abscisse est x, on a

$$V = \int \frac{\mu\, d\sigma}{l}.$$

En différenciant l'équation (1) par rapport à x il vient

$$r\frac{\partial i}{\partial x} = -\frac{\partial^2 V}{\partial x^2}\, v + \frac{\partial e}{\partial x}.$$

Or l'on sait que

$$(3) \qquad -\left(\frac{\partial^2 V}{\partial x^2} + \frac{\partial^2 V}{\partial y^2} + \frac{\partial^2 V}{\partial z^2}\right) = 4\pi\mu;$$

les deux derniers termes entre parenthèses sont d'ailleurs nuls dans le cas actuel. On a donc

$$r\,\frac{\partial i}{\partial x} = 4\pi\mu.\,\varrho + \frac{\partial e}{\partial x}\cdot$$

D'autre part, d'après la formule de Neumann, on a

$$e = \int \frac{\partial i}{\partial t}\cdot\frac{d\sigma}{l};$$

substituons à e cette valeur et différencions par rapport à t. Il vient

$$r\,\frac{\partial^2 i}{\partial x \partial t} = 4\pi\,\frac{\partial\mu}{\partial t}.\,\varrho + \frac{\partial}{\partial x}\int \frac{\partial^2 i}{\partial t^2}\,\frac{d\sigma}{l}\cdot$$

Remplaçons $\dfrac{\partial\mu}{\partial t}$ par sa valeur $\dfrac{\partial i}{\partial x}.\varrho$ et différencions par rapport à x : il vient

$$r\,\frac{\partial^3 i}{\partial x^2 \partial t} = 4\pi\,\frac{\partial^2 i}{\partial x^2}\,\varrho^2 + \frac{\partial^2}{\partial x^2}\int \frac{\partial^2 i}{\partial t^2}\,\frac{d\sigma}{l}\cdot$$

L'intégrale au second membre ayant la forme d'un potentiel, on peut lui appliquer le théorème exprimé par l'équation (3). On a donc finalement

$$(4) \qquad r\,\frac{\partial^3 i}{\partial x^2 \partial t} = 4\pi\,\frac{\partial^2 i}{\partial x^2}\,\varrho - 4\pi\,\frac{\partial^2 i}{\partial t^2}\cdot$$

Considérons d'abord le cas où la résistance spécifique du fil soit assez faible pour qu'on puisse faire $r = 0$. L'équation précédente se réduit à

$$\frac{\partial^2 i}{\partial x^2}\,\varrho^2 = \frac{\partial^2 i}{\partial t^2}\cdot$$

Cette équation admet pour intégrale

$$i = f(x - \mathrm{V}t)$$

avec la condition

$$\mathrm{V} = \varrho;$$

c'est l'équation qui régit la propagation d'une onde sans déformation, avec une vitesse de propagation V égale au coefficient c.

Si le facteur r, au lieu d'être nul, est simplement très petit, on peut admettre, comme le montre Kirchhoff, une valeur plus approchée de l'intégrale

$$i = e^{-hr} f(x - Vt)$$

avec $V = c$.

C'est l'équation d'une onde qui se propage avec la vitesse $V = c$ en restant semblable à elle-même, mais en diminuant d'amplitude dans le rapport e^{-hr}. L'onde électrique a donc une vitesse de propagation égale à c. Elle s'évanouit quand le parcours x croît indéfiniment. C'est pour cette raison qu'on a pu n'en pas tenir compte dans le problème du câble transatlantique.

En résumé, on peut obtenir des ondes électriques de forme quelconque ayant une vitesse de propagation V numériquement égale à c. Et Kirchhoff, à cette occasion, fait remarquer que cette valeur numérique est celle de la vitesse de la lumière. On peut considérer cette remarque comme le point de départ de la théorie électromagnétique de la lumière dont nous parlerons dans le chapitre suivant.

TROISIÈME PARTIE

TROISIÈME PARTIE

I. — THÉORIE ÉLECTROMAGNÉTIQUE
DE LA LUMIÈRE

112. *Déplacement électrique*. — En étudiant le problème de Kirchhoff, nous sommes arrivés à ce résultat remarquable que la propagation d'une onde électrique dans le fil s'effectuait avec une vitesse c égale à très peu près à la vitesse de propagation de la lumière. C'est cette coïncidence, jointe aux considérations de Maxwell que nous avons exposées quand nous avons déjà rencontré ce nombre c dans l'étude des deux systèmes électrostatique et électromagnétique, qui a donné naissance à l'idée de la théorie que nous allons résumer ici.

Cette théorie, développée par Maxwell, ramènerait la lumière à être un phénomène électrique. Au lieu d'être, comme pour Fresnel et ses prédécesseurs, un mouvement qui se propage de proche en proche dans l'éther, la vibration lumineuse serait un courant électrique, appelé ici déplacement, qui produit par induction d'autres déplacements, et qui se propagerait ainsi de proche en proche dans le vide, comme la perturbation électromagnétique dans le fil de Kirchhoff.

Dans la théorie habituelle des phénomènes électriques, le vide, l'air, les corps dits isolants sont précisément tels parce qu'ils ne peuvent donner passage à l'électricité. Pour admettre que ces corps puissent être le siège d'un courant, il faut donc, avec Maxwell, reprendre dès l'origine l'explication du phénomène électrostatique, afin d'expliquer qu'un même milieu puisse avoir la propriété d'un isolant et en même temps être le siège d'un déplacement électrique.

Il faut renoncer d'abord à l'idée d'action électrique à distance et la remplacer par l'idée d'une action de proche en proche. Il faut néanmoins expliquer l'état d'équilibre qui correspond à la charge électrostatique, ainsi que l'attraction du corps électrisé.

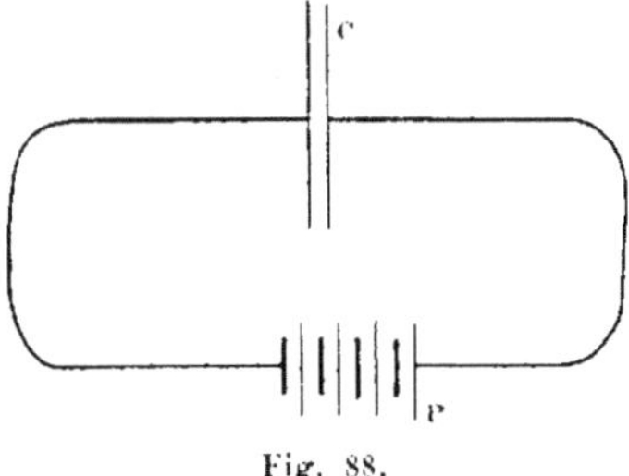

Fig. 88.

Soit un condensateur à lame d'air (*fig.* 88) que nous chargeons au moyen d'une pile P : il y a dans le conducteur un courant de courte durée, puisque l'équilibre s'établit. Nous admettons que ce courant traverse le milieu gazeux qui sépare les deux

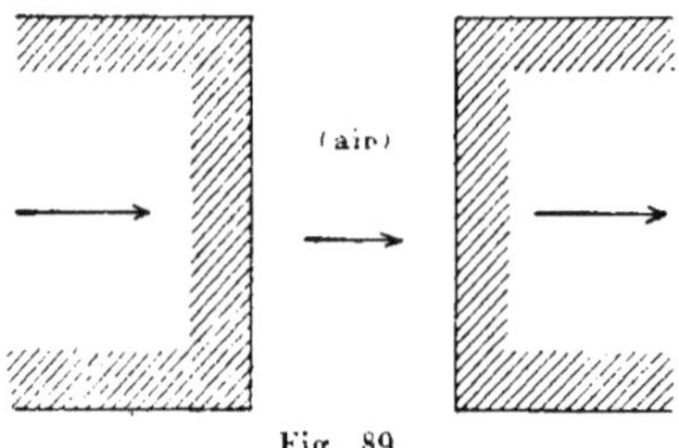

Fig. 89.

armatures (*fig.* 89) et nous disons qu'il y a *déplacement électrique dans ce milieu.*

Cela posé, voici l'hypothèse que nous allons introduire :

De même que, quand on déforme un corps élastique, il y a une réaction qui arrête la déformation et ramène le corps à son état primitif, de même il y a, dans le milieu, une force électromotrice qui tend à s'opposer au courant; elle finit par lui devenir égale, et, à ce moment, l'équilibre est établi.

113. *Composantes du déplacement.* — Voyons si cela peut nous mener à la formule d'équilibre par des relations déjà connues.

La charge μ par unité de surface du condensateur est :

$$\mu = \frac{CE}{S} = \frac{E}{4\pi d} \cdot$$

Il faut remplacer la charge μ par le déplacement f. D'où :

$$f = \frac{1}{4\pi} \frac{E}{d} = \frac{1}{4\pi} E_1,$$

en posant $\dfrac{E}{d} = E_1$. Cette équation signifie que le déplacement est égal à la force électromotrice qui le produit, rapportée à l'unité de volume, et divisée par 4π. Prenons maintenant dans l'espace (*fig.* 90) une série de corps 1, 2, 3.... et voyons si nous

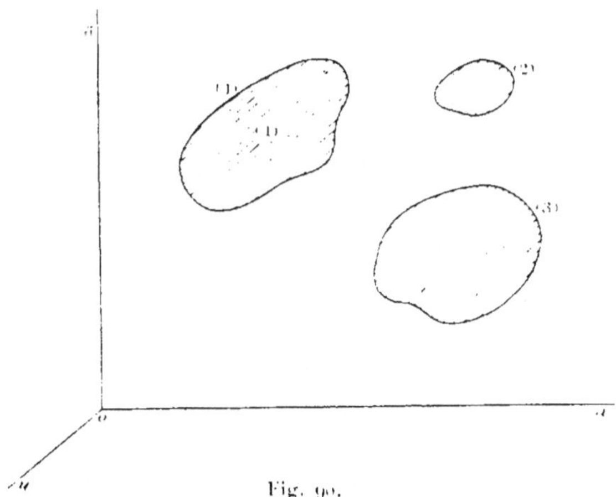

Fig. 90.

pouvons expliquer l'équilibre. Appliquons à un point quelconque de l'espace diélectrique la relation que nous avons trouvée. Désignons par X, Y, Z, les trois composantes de la force électromotrice ; soient f, g, h, les trois composantes du déplacement suivant les trois axes ; il faudra donc :

$$f = \frac{1}{4\pi} X, \quad g = \frac{1}{4\pi} Y, \quad h = \frac{1}{4\pi} Z.$$

Cela posé, nous pouvons démontrer que les équations précédentes conduisent, pour les conditions analytiques de l'équilibre et de la distribution électrique, aux mêmes équations que la théorie habituelle du potentiel et des actions à distance. Considérons, en effet, un volume élémentaire 1 *fig.* 91, dont les dimen-

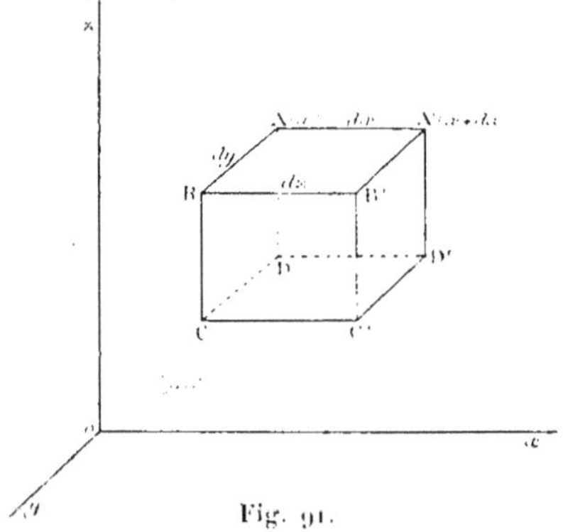

Fig. 91.

sions sont dx, dy et dz ; écrivons que l'excès de ce qui entre sur ce qui sort, c'est-à-dire la somme algébrique du déplacement, est égal à zéro à l'intérieur du diélectrique. Il vient :

$$\frac{df}{dx} + \frac{df}{dy} + \frac{df}{dz} = 0.$$

En effet : ce qui entre par la face ABCD perpendiculaire à Ox est $f\,dy\,dz$; ce qui sort est $f + \frac{\partial f}{\partial x}\,dx\;dy\,dz$; la différence est $\frac{\partial f}{\partial x}\,dx\,dy\,dz$. Il en serait de même pour les autres faces. En introduisant les quantités X, Y, Z, il vient :

$$0 = \frac{1}{4\pi}\left(\frac{dX}{dx} + \frac{dY}{dy} + \frac{dZ}{dz}\right).$$

Or, dans la théorie du potentiel, on avait

$$X = -\frac{\partial V}{\partial x}, \quad Y = -\frac{\partial V}{\partial y}, \quad Z = -\frac{\partial V}{\partial z}.$$

L'équation qui précède équivaut à celle-ci :

$$\Delta V = 0.$$

Comme d'ailleurs les conditions aux limites sont les mêmes dans les deux théories, il s'ensuit que les conditions d'équilibre sont équivalentes.

La différence n'existe donc pas au point de vue analytique mais physique. L'identité des équations fait qu'on ne peut compter sur aucune expérience pour décider entre les deux théories : une expérience qui détruirait l'une détruirait aussi l'autre. Nous aurons seulement l'avantage de traiter l'espace comme un conducteur où se produiront des phénomènes d'induction.

Reste à expliquer, dans notre hypothèse, l'attraction à distance. Les lames du condensateur vont tendre à se déplacer l'une vers l'autre. Nous admettons que le déplacement électrique développe une contractilité, comme une lame de caoutchouc collée à deux lames métalliques se contracte et rapproche les lames par refroidissement. C'est donc une action de proche en proche et non à distance. On démontrerait encore ici qu'elle équivaut à l'action à distance.

Remarquons que si l'on suppose que le pouvoir diélectrique du milieu est K, si de plus on exprime le déplacement en unités électromagnétiques, la formule $4\pi f = X$ devient :

$$4\pi f = KE_1\frac{1}{v}.$$

114. *Propagation d'une onde plane.*

— Considérons le cas d'une onde lumineuse polarisée rectilignement *fig.* 92 ; supposons que dans un plan P l'état soit le même en tous les points. Prenons Ox perpendiculaire à ce plan, Oz parallèle au déplacement, que je désigne par h. On a, d'après la formule précédente :

$$h = \frac{K}{4\pi}\frac{1}{v}\,e.$$

e étant la force électromotrice rapportée à l'unité de longueur. Si on désigne l'intensité du courant par w, on a $w = \dfrac{dh}{dt}$, w et h étant exprimés en unités du même système ; si w est exprimé dans le système électromagnétique et h dans l'électrostatique, on a :

$$w = \frac{1}{v}\frac{\partial h}{\partial t}.$$

d'où :

$$w = \frac{K}{4\pi}\,\frac{1}{v^2}\,\frac{de}{dt}\,.$$

Il est commode de poser

$$e = \frac{dH}{dt}$$

ou

$$H = \int e\,dt\,;$$

H étant ainsi défini, la force électromotrice sera :

$$(1)\qquad 4\pi w = \frac{K}{v^2}\,\frac{d^2H}{dt^2}\,.$$

Voilà une relation entre l'intensité w par unité de surface et la force

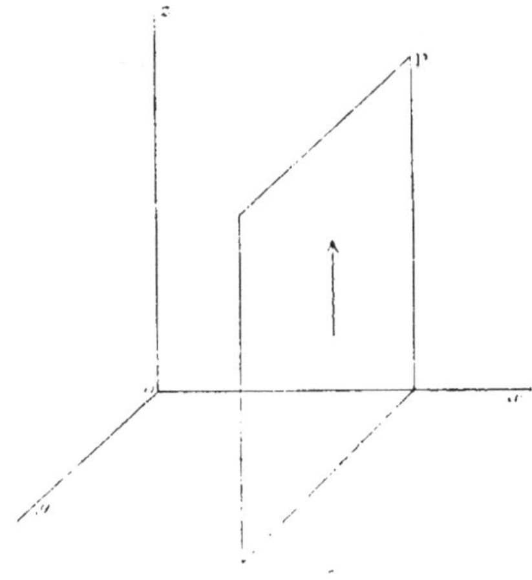

Fig. 92.

électromotrice totale H qui est une force électromotrice d'induction due aux variations du courant de déplacement. On peut dire autrement que les courants forment un champ magnétique, et considérer la force électromotrice d'induction comme provenant de la variation du champ magnétique, qu'on introduit ici comme variable auxiliaire.

Pour calculer la valeur du champ magnétique dans un plan x

quelconque, il faudrait connaître la distribution que nous cherchons ; mais on peut trouver une équation différentielle en cherchant l'action d'une tranche plane d'épaisseur dx sur un point

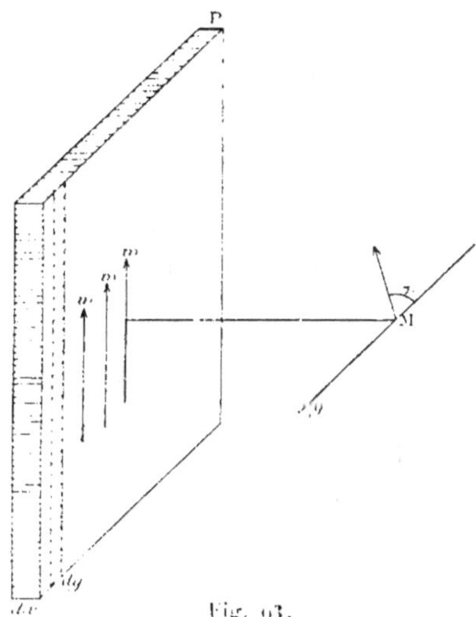

Fig. 93.

extérieur M (*fig.* 93). Un courant développe un champ magnétique qui lui est perpendiculaire. Considérons tous les courants développés en nombre illimité dans la tranche plane décomposée en prismes parallèles à Oz et ayant pour section droite $dx\,dy$: l'action de chacun est $\dfrac{2i}{\rho}$, i étant l'intensité du courant de ce prisme, ρ la distance au point M. Or

$$i = w\,dx\,dy.$$

La composante suivant Oy seule est utile, puisque par raison de symétrie la résultante totale sera parallèle à Oy : cette composante utile est donc :

$$\frac{2\,w\,dx\,dy}{\rho}\cos z ;$$

mais : $\dfrac{1}{\rho}dy\cos z = d z$: d'où, en intégrant par rapport à z, il vient pour la résultante de l'action de la tranche $2\pi w\,dx$, quantité qui est indépendante de la distance du point à la tranche.

Cela posé, considérons un point M de l'espace, dont l'abscisse est x (*fig. 94*): l'action totale

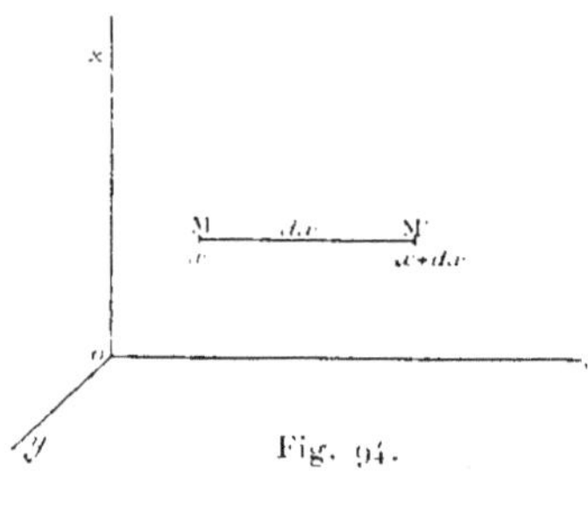

Fig. 94.

en M se compose de toutes les actions des tranches à droite ajoutées algébriquement à celle des tranches à gauche. Aucune de ces deux sommes n'est connue puisqu'on ne connaît pas la distribution ; mais, quand on passe du point x au point $x + dx$, l'action de toutes les tranches à gauche de x ne change pas, de même pour ce qui est à droite de $x + dx$; il n'y a donc de changé que la situation de la tranche dx qui est passée de gauche à droite. Or, l'action de cette tranche n'a pas changé de valeur absolue, mais seulement de sens. La variation du champ est donc 2 fois l'action de cette tranche dx; on aura donc :

$$dY = 2\pi w\,2\,dx = 4\pi w\,dx$$

d'où enfin :

$$4\pi w = \frac{dY}{dx}.$$

Considérons maintenant un petit circuit vertical se déplaçant avec la vitesse $\dfrac{dx}{dt}$ normalement aux lignes de force Y ; on aura pour exprimer la force électromotrice d'induction :

$$e = -Y\,\frac{dx}{dt}.$$

C'est la définition même de la force électromotrice d'induction électromagnétique ; mais nous avions posé :

$$e = -\frac{dH}{dt}.$$

d'où nous tirons :

$$- Y \frac{dx}{dt} - \frac{dH}{dt} = \frac{dH}{dx}\frac{dx}{dt}$$

d'où :

$$3 \qquad Y = - \frac{dH}{dx}.$$

D'après 3, 2 devient :

$$4\pi w = - \frac{d^2 H}{dx^2}.$$

D'après 1 :

$$4\pi w = \frac{K}{c^2}\frac{d^2 H}{dt^2};$$

d'où, en égalant ces deux valeurs, on a l'équation du problème :

$$4 \qquad \frac{K}{c^2}\frac{d^2 H}{dt^2} + \frac{d^2 H}{dx^2} = 0.$$

Cette équation est celle de la propagation d'un mouvement vibratoire dans un milieu élastique, sans frottement.

Cette équation peut s'écrire sous forme d'intégrale générale :

$$H = f(x + Vt) + f_1(x - Vt),$$

V étant une constante ; en identifiant on trouve :

$$V^2 = \frac{c^2}{K}, \quad V = \frac{c}{\sqrt{K}}.$$

L'état du milieu ne fait donc que se propager ; dans le vide $K = 1$, $V = c$. Ainsi l'état du milieu se propage avec une vitesse uniforme c. Si au lieu de la perturbation électromagnétique on considère la lumière, la vitesse étant c dans l'air devient $\frac{c}{n}$ dans un milieu différent : *il faut donc, pour l'identification des deux phénomènes, que l'on ait*

$$n = \sqrt{K}.$$

115. *Vérifications expérimentales*. — Cette relation demandait à être vérifiée par l'expérience afin qu'on pût voir s'il y avait quelque solidité dans l'hypothèse de la lumière considérée

THÉORIE ÉLECTROMAGNÉTIQUE DE LA LUMIÈRE

comme une perturbation électrique. C'est ce qu'a fait M. *Boltzmann* en opérant avec un condensateur à lame gazeuse dont la constante K et l'indice n varient par la compression du gaz. Ses résultats sont consignés dans le tableau ci-contre.

La concordance qu'on y observe est tout à fait satisfaisante ; l'erreur relative est environ de un dixième à un centième.

Pour les corps non gazeux, la vérification est difficile, car, si n est facile à déterminer, il n'en est pas de même de K ; à cause de l'absorption lente qui se produit dans ce cas, la détermination devra être presque instantanée. Les valeurs, quelle que soit la rapidité avec laquelle on les obtient, donnent cependant une approximation beaucoup plus grossière que pour les gaz. Cela montre que, si la théorie est vraie, il y a une complication dont elle n'a pas encore tenu compte.

Expériences de M. Boltzmann.

GAZ	$\sqrt{\overline{K}}$	n
Air	1,000295	1,000291
CO^2	1,000473	1,000449
H	1,000132	1,000138
CO	1,000345	1,000340
AzO	1,000497	1,000503
C^4H^4	1,000657	1,000678
C^2H^4	1,000472	1,000443

Cas des milieux magnétiques. — Un milieu magnétique est celui dans lequel un champ magnétique prend une valeur différente de celle qu'il prendrait dans le vide dans des circonstances identiques. Soit μ un certain coefficient qu'on appelle *perméabilité* et Y le champ magnétique dans le vide ; le champ dans le milieu magnétique est μY. On trouve alors, en refaisant les calculs précédents et en tenant compte de μ, que la vitesse de propagation V et l'indice de réfraction n sont donnés par

$$V = \frac{v}{\sqrt{\mu K}}, \qquad n = \sqrt{\mu K}.$$

PRINCIPE DE LA CONSERVATION
DE L'ÉLECTRICITÉ

116. *Principe de la conservation de l'électricité.* — La quantité de matière et la quantité d'énergie ne sont pas les seules grandeurs qui demeurent invariables dans le monde ; la quantité d'électricité jouit de la même propriété. Si l'on considère un phénomène électrique quelconque dans son ensemble, on observe que la distribution de l'électricité peut changer, mais que la somme des quantités d'électricité libre ne varie jamais ; c'est-à-dire que, si la charge électrique subit une variation positive en certains points, elle subit en d'autres points et en même temps une variation négative, et que *la somme algébrique de toutes les variations simultanées est toujours égale à zéro*. La somme des quantités d'électricité libre est donc invariable, puisque sa variation totale est toujours nulle. Cette loi, que nous appellerons le *principe de la conservation de l'électricité*, s'étend à tous les phénomènes étudiés jusqu'à présent : elle résulte d'expériences anciennes et en quelque sorte élémentaires que nous rappellerons plus loin. Son énoncé en langage ordinaire est donc simplement le résumé de faits connus ; en revanche, sa traduction en langage analytique conduit à des conséquences nouvelles. Dans ce qui suit, nous allons faire cette traduction, c'est-à-dire mettre en équation le principe de la conservation de l'électricité et montrer, par divers exemples, l'usage qu'on en peut faire pour l'étude de certains phénomènes et pour la prévision de faits nouveaux.

Ainsi écrit sous forme d'équation, le principe de la conservation de l'électricité a pour l'analyse une importance exactement égale à celle du principe dit *de l'équivalence* ou *de la conservation de l'énergie*. En effet, le principe de l'équivalence, étendu à l'électricité par les travaux de MM. Helmholtz, W. Thomson, Joule et autres physiciens, aboutit à fournir une équation de condition, ainsi qu'on le verra plus loin ; or, le principe de la conservation de l'électricité fournit une seconde équation, laquelle est distincte de celle qui est donnée par le principe de l'équivalence et d'ailleurs compatible avec elle. Les deux principes ont donc exactement la même utilité ; on peut, pour abréger, leur donner les noms de *premier* et de *second principe de l'électricité* ; le second sert à doubler les ressources de l'analyse, en portant d'un à deux le nombre des équations dont on peut disposer.

Avant de le traduire en langage algébrique, rappelons d'abord les phénomènes pour lesquels le principe de la conservation de l'électricité a été vérifié.

117. *Preuves expérimentales.* — Ces phénomènes sont : le partage d'une charge entre deux conducteurs ; le développement de l'électricité par frottement, par influence, par l'action des piles.

Lorsqu'il y a partage d'une charge électrique entre deux corps, la distribution seule varie, la charge totale reste constante. On en trouve une première preuve en se reportant à l'expérience classique par laquelle Coulomb démontre que la répulsion électrique est proportionnelle à la charge. On se rappelle que Coulomb mesure la répulsion produite par la boule fixe de sa balance, qu'il touche cette boule fixe avec une autre boule auxiliaire de même diamètre, isolée et non électrisée, et qu'il trouve, après le partage, la répulsion électrique réduite à la moitié de ce qu'elle était auparavant. L'interprétation de cette expérience peut se faire de deux manières. Si l'on définit les charges électriques par les répulsions qu'elles produisent, cette expérience démontre que la charge de la boule fixe est réduite à moitié, et, comme les deux boules prennent, par raison de symétrie, des charges égales, il s'ensuit que la charge de la boule fixe est réduite à la moitié de ce qu'elle était et que la charge totale n'a fait que se partager ; dans cette interprétation, l'expérience démontre qu'il y a eu conservation de l'électricité. On peut dire également que l'expérience de Coulomb démontre la proportionnalité de la répulsion à la charge électrique : on *admet* alors que la charge de la boule fixe a été réduite à moitié, et, par conséquent, on admet (¹ qu'il y a eu simple partage de la charge primitive avec conservation de la quantité d'électricité. Ainsi, dans l'une de ces interprétations on admet, dans l'autre on démontre le principe de la conservation de l'électricité.

D'ailleurs, dans toutes les expériences où l'on mesure la charge ou la capacité d'un conducteur, on effectue le partage de certaines charges et l'on admet qu'il y a conservation de l'électricité. L'accord qui existe entre les résultats des mesures ainsi faites constitue une vérification multiple et précise du principe sur lequel on s'appuie.

Ainsi, lorsqu'il y a partage de l'électricité entre deux conducteurs, l'un d'eux gagne précisément ce que l'autre perd : en d'autres termes, la somme algébrique des variations de charges simultanées est égale à zéro.

On sait que, lorsqu'il y a électrisation par frottement, par pression, par clivage, les deux corps qui prennent part à ces actions acquièrent après leur séparation des charges nouvelles : mais ces charges sont égales et de sens contraires. Leur somme algébrique est donc nulle.

Il en est de l'influence comme du frottement. Faraday a démontré avec soin que la somme algébrique des quantités d'électricité produites par influence est toujours nulle.

Enfin, on sait que les deux pôles d'une pile ouverte fournissent des quantités d'électricité toujours égales et de signes contraires. Ces quantités se neutralisent d'une manière continue lorsqu'on ferme le circuit.

En résumé, quel que soit le phénomène électrique que l'on considère, la somme algébrique de toutes les variations de

---

(¹. Il est à remarquer que l'on admet dans ce cas le principe de la conservation de l'électricité et que la raison de symétrie ne suffit pas pour établir que la charge de la boule fixe est réduite à moitié. En effet, la raison de symétrie implique seulement que les charges des deux boules doivent être égales entre elles ; et il est clair que ces charges pourraient être égales entre elles sans être la moitié de la charge primitive ; chacune d'elles pourrait être, par exemple, le quart de la charge primitive.

charges simultanées est égale à zéro. C'est un fait quantitatif fourni par l'expérience [1].

Quand on se sert de l'hypothèse ou plutôt de la *notation* des deux fluides électriques, on exprime le même fait en disant que les deux fluides apparaissent et disparaissent toujours en quantités équivalentes ; sous cette forme, le principe de la conservation de l'électricité a été énoncé depuis longtemps. L'image des deux fluides a sans doute ailleurs son utilité ; mais ici l'emploi du langage figuré serait un détour au moins superflu : pour mettre en équation un fait quantitatif, il suffit de l'écrire en signes algébriques.

118. *Expression analytique de ce principe par une condition d'intégrabilité.* — Soit un système de corps dans lequel se produit un phénomène électrique quelconque. On peut partager par la pensée ce système en trois parties A, B, C. Soient a, b, c les variations de charge électrique qui ont eu lieu en A, B, C pendant un même intervalle de temps. Le principe de la conservation de l'électricité exige que l'on ait

$$a + b + c = 0.$$

Supposons que A parcoure un cycle fermé, c'est-à-dire qu'après avoir éprouvé une série de changements quelconques l'état de A soit ramené finalement à être identique à son état initial. On aura dans ce cas $a = 0$, et par conséquent $b + c = 0$. Les variations de charge subies par B et C sont donc égales et

[1] Entre les expériences dont nous venons de parler et celles qui démontrent que la matière est indestructible, plus généralement, entre la mesure d'une quantité d'électricité et une pesée ordinaire, il n'y a qu'une différence secondaire et qui est la suivante. Lorsque l'on met un corps sur la balance, le poids total de ce corps se trouve immédiatement, c'est-à-dire sans que l'on ait à tenir compte de sa forme : cela tient à ce que le corps pesé n'est qu'un point par rapport à la distance des masses attirantes, lesquelles peuvent être supposées concentrées au centre de la Terre. Dans les mesures faites avec la balance électrique, les attractions ont toujours lieu à petite distance ; de là des calculs de réduction plus ou moins compliqués pour tenir compte de la distribution. Si l'on disposait d'une masse électrique M constante et très éloignée, on pourrait lui faire jouer le rôle de la Terre ; la mesure de la quantité d'électricité prendrait la même forme que la pesée du chimiste et le principe de la conservation de l'électricité s'énoncerait comme il suit : *Quelles que soient les actions qui ont lieu dans un système, l'attraction électrique totale qu'il subit de la part du point M demeure invariable.*

de signes contraires ; en d'autres termes, A a restitué à C toute l'électricité qu'il a prise à B ; en d'autres termes encore, la somme algébrique des quantités d'électricité reçues par A est nulle. Si l'on appelle *dm* la variation de charge infiniment petite subie par A lorsque l'état de A varie infiniment peu, il faut que l'on ait

$$\int dm = 0$$

pour tout cycle fermé parcouru par A. Pour qu'il en soit ainsi, il faut et il suffit [1] que *dm* soit une différentielle exacte. Soient *x*, *y* les deux variables indépendantes desquelles dépend à chaque instant l'état de A. L'expression de *dm* est de la forme

$$dm = X\,dx + Y\,dy.$$

La condition pour que cette expression soit une différentielle exacte est, comme on sait,

$$\frac{\partial X}{\partial y} = \frac{\partial Y}{\partial x}.$$

Cette équation exprime le principe de la conservation de l'électricité.

Nous allons montrer par quelques exemples l'usage que l'on peut faire de cette équation. La marche à suivre est toujours la même dans chaque cas ; il faut chaque fois désigner les variables indépendantes qui déterminent le phénomène que l'on considère et les introduire dans l'équation α. On exprime ainsi le principe de la conservation de l'électricité. En outre, pour compléter l'analyse, il convient d'avoir recours au principe de l'équivalence et de l'exprimer également par une équation. On arrive ainsi à un système de deux équations, qui sont distinctes et compatibles, et qu'il ne reste plus ensuite qu'à discuter et à interpréter en langage ordinaire.

119. *Exemples d'application. Pouvoir diélectrique des gaz. Contraction des gaz produite par l'influence électrique.* — Comme premier exemple d'application, nous prendrons le phéno-

---

[1] Voir la Note A.

même découvert par M. Boltzmann en 1875 [1]. M. Boltzmann s'est proposé de mesurer ce qu'on appelle le *pouvoir diélectrique des gaz*. A cet effet, il dispose à poste fixe, sous la cloche d'une machine pneumatique, deux plateaux métalliques parallèles A, T, qui forment les deux armatures d'un condensateur ; A est isolé, T en communication avec le sol. On commence par charger ce condensateur en mettant le plateau A en communication pendant un instant avec le pôle d'une pile dont l'autre pôle est en communication avec le sol ; puis on isole A. Vient-on à augmenter la pression p du gaz qui est sous la cloche, on constate que la quantité d'électricité libre en A diminue ; l'isolement est resté parfait et le plateau A est demeuré immobile, mais la capacité du condensateur est devenue plus grande. Quand on introduit du gaz sous la cloche, supposée vide d'abord, tout se passe comme si la distance entre les plateaux était devenue D fois plus petite. Le gaz jouit donc de la propriété de rendre, par sa présence, la capacité du condensateur D fois plus grande ; D est le pouvoir diélectrique du gaz sous la pression p. M. Boltzmann a constaté que D varie d'un gaz à l'autre et que, pour un même gaz, D varie proportionnellement à la pression p.

Soit m la quantité d'électricité libre en A; m dépend de deux variables indépendantes, savoir le potentiel x, auquel on porte le plateau A, et la pression p du gaz. On a donc

$$(1) \qquad dm = c\, dx + h\, dp,$$

dm étant la quantité d'électricité reçue par le plateau A lorsque x augmente de dx et p de dp; c est la capacité du condensateur lorsque le gaz est maintenu à la pression p, h est un coefficient qui, d'après l'expérience de M. Boltzmann, est positif; car, lorsque p augmente de dp, la capacité du condensateur augmente ; et, par conséquent, pour maintenir x constant, il faut augmenter m d'une quantité positive $h\, dp$. Pour que dm soit une différentielle exacte, il faut que l'on ait

$$(2) \qquad \frac{\partial c}{\partial p} = \frac{\partial h}{\partial x}.$$

<hr>

[1] *Poggendorff's Annalen*, t. CLV, p. 403 (1875); *Journal de Physique*, t. V, p. 23.

Cette équation exprime le principe de la conservation de l'électricité.

Afin de compléter l'étude du phénomène de Boltzmann, il convient de joindre à l'équation z une autre équation, celle qui exprime le principe de l'équivalence et que nous allons calculer. A cet effet, il faut montrer que le phénomène de M. Boltzmann permet de faire parcourir au plateau A un cycle fermé tel que du travail soit transformé en énergie électrique ou réciproquement; ensuite on écrira qu'il y a égalité entre la dépense de travail et la variation d'énergie électrique.

Prenons le potentiel x et la pression p pour coordonnées rectilignes d'un point P *(fig. 95)*. Toute variation de l'état du pla-

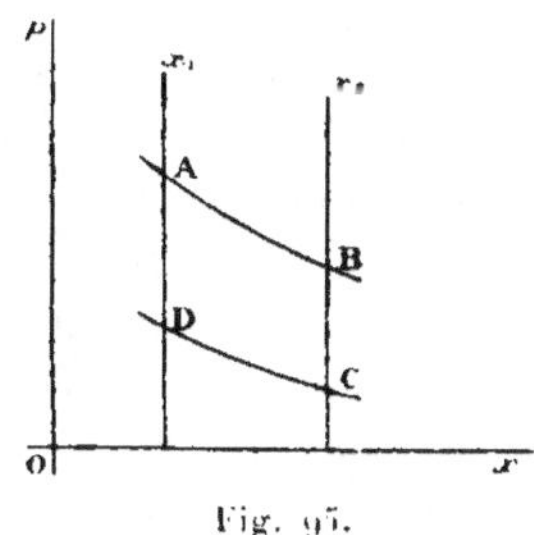

Fig. 95.

teau A sera représentée par une ligne décrite par le point P. Lorsque l'on fait varier la pression en laissant A en communication avec un réservoir à potentiel constant, la variation de A est représentée par une droite parallèle à l'axe des pressions et telle que BC, AD. Ces droites représentent des variations à potentiel constant. Si l'on fait varier la pression en laissant le plateau A isolé, le potentiel x variera en même temps; la variation de A sera représentée dans ce cas par une ligne telle que AB ou CD; ces lignes représentent des variations à charge constante. Avec deux lignes de la première et deux lignes de la seconde espèce, on peut former un quadrilatère ABCD; ce quadrilatère représente un cycle fermé qui peut être parcouru dans l'un ou dans l'autre sens. Supposons, pour fixer les idées, que le point représentatif, partant de C, parcoure les différents points du cycle dans l'ordre CBADC. De C à B la pression augmente; par conséquent, la capacité augmente; le plateau A se trouvant en même temps en communication avec un réservoir électrique au potentiel x_2, de l'électricité est prise par A à ce réservoir. Au point B la communication de A avec le réservoir est interrompue. De B en A la pression augmente, et, la charge électrique de A restant constante, son potentiel diminue. En A, on met le plateau isolé en communication avec un réservoir électrique au potentiel x_1. De A en D la pression diminue; par conséquent la capacité diminue et de l'électricité est cédée au réservoir dont le potentiel est x_1. Enfin, de D en C le plateau A reste isolé, et il est ramené finalement à son état initial en C. En définitive, une certaine quantité d'électricité a été prise au réservoir dont le potentiel est x_2 et transportée dans le réservoir dont le potentiel est x_1; il y a donc eu diminution de l'énergie électrique contenue dans le système de ces deux réservoirs. D'autre part, pour faire varier la pression du gaz, il a fallu déplacer un piston et par conséquent mettre en jeu une certaine quantité de travail mécanique. Le cycle étant fermé, en vertu du principe de l'équivalence, il y a égalité entre le travail mécanique produit et la diminution de l'énergie électrique. Si l'on appelle dv une variation infiniment petite du volume v du gaz contenu sous la cloche et p la pression correspondante, $\int p\,dv$ représente le travail produit par la pression exercée par le gaz sur la surface du piston; d'autre part, dm représentant une quantité d'électricité infiniment petite reçue par le plateau A pendant que ce plateau est en communication avec un réservoir dont le potentiel est x, $\int x\,dm$ représente la quantité d'énergie électrique disparue. On a donc [1]

$$\int p\,dv - \int x\,dm$$

ou, en posant $p\,dv - x\,dm = d\mathcal{E}$,

$$\int d\mathcal{E} = 0$$

pour un cycle fermé. En d'autres termes, $d\mathcal{E}$ doit être une différentielle exacte. En écrivant que cette condition est remplie, on exprime le principe de la conservation de l'énergie.

Afin d'exprimer $d\mathcal{E}$ en fonction des variables indépendantes x

___

[1] Voir la Note B.

et p, il faut exprimer dv en fonction de ces variables. Posons donc

$$(2) \qquad dv = a\,dx + b\,dp,$$

a étant un coefficient qui peut être nul, car nous ignorons encore si le volume des gaz peut dépendre du potentiel x. v est une fonction de p et peut-être de x; l'expression de dv est donc une différentielle exacte. On a donc entre les coefficients a et b la relation

$$(3) \qquad \frac{\partial a}{\partial p} = \frac{\partial b}{\partial x}.$$

En substituant à dv sa valeur dans l'expression de $d\mathcal{E}$, il vient

$$(4) \qquad d\mathcal{E} = (ap - cx)\,dx + (bp - hx)\,dp.$$

Pour que $d\mathcal{E}$ soit une différentielle exacte, il faut que l'on ait

$$\frac{\partial\,(ap - cx)}{\partial p} = \frac{\partial\,(pb - hx)}{\partial x}$$

ou, en développant,

$$p\left(\frac{\partial a}{\partial p} - \frac{\partial b}{\partial x}\right) + a = x\left(\frac{\partial c}{\partial p} - \frac{\partial h}{\partial x}\right) - h.$$

Le coefficient de p est nul en vertu de l'équation (3); on a donc simplement

$$(5) \qquad a = x\left(\frac{\partial c}{\partial p} - \frac{\partial h}{\partial x}\right) - h.$$

Cette équation (5) exprime le principe de l'équivalence. En y joignant l'équation (2), on voit que l'équation (5) se simplifie et qu'elle se réduit à

$$(3) \qquad a = -h.$$

Le système des équations (2) et (5) équivaut donc au système des équations

$$(2) \qquad \frac{\partial c}{\partial p} = \frac{\partial h}{\partial x};$$

$$(3) \qquad a = -h.$$

Tel est le résultat de notre analyse.

Remarquons que ces équations sont distinctes et compatibles, puisque l'une d'elles contient une fonction a que l'autre ne contient pas. Les deux principes qu'elles expriment sont donc eux-mêmes distincts et compatibles, et ils ont pour l'analyse une importance exactement égale.

Il faut maintenant tirer des équations (α) et (β) les lois physiques qui y sont implicitement contenues. En premier lieu, remarquons que le phénomène de M. Boltzmann s'exprime en disant que h est différent de zéro et positif; il s'ensuit, d'après l'équation (β), que a est différent de zéro et négatif. Or, d'après l'équation (2), a est la dérivée partielle de v par rapport à x; donc, lorsque x augmente, v diminue; donc le volume d'une masse gazeuse qui entoure les deux armatures d'un condensateur électrique varie en sens inverse du potentiel acquis par ce condensateur: en d'autres termes, l'électrisation d'un condensateur suffit pour produire une contraction de volume du gaz qui en forme la lame isolante; c'est là un phénomène physique nouveau, que l'expérience a entrevu sans l'avoir encore démontré. L'analyse nous en démontre l'existence et va même nous permettre d'en calculer la valeur numérique. Le principe de l'équivalence, pris tout seul, n'eût pas conduit à ce résultat que a est nécessairement différent de zéro. En effet, si l'on ne tient pas compte de l'équation (α), le principe de l'équivalence s'exprime par l'équation (β), qui peut être satisfaite lors même que a serait nul. Le principe de la conservation de l'électricité est donc nécessaire pour conclure du phénomène de M. Boltzmann au phénomène de la contraction électrique des gaz.

Proposons-nous de calculer la dilatation Δv subie par le gaz renfermé sous la cloche, lorsque l'on porte le plateau A du potentiel o au potentiel x. Boltzmann a trouvé, par l'expérience, que ce pouvoir diélectrique d'un gaz est proportionnel à sa pression : le pouvoir diélectrique est donc égal à $1 + \gamma p$, γ étant une constante spécifique du gaz. Si l'on appelle c_0 la capacité d'un condensateur dans le vide, sa capacité sous la pression p sera donc $c = c_0 (1 + \gamma p)$. En substituant cette valeur de c dans l'expression de dm, puis en intégrant, il vient

$$5 \qquad\qquad m = c_0 (1 + \gamma p) x.$$

La constante d'intégration est nulle, car, lorsque le potentiel x est nul, la charge m est nulle aussi. Remarquons que, d'après l'équation 5, les courbes AB, CD de la figure 95, qui représentent la relation existant entre p et x lorsque la charge m est constante, sont des arcs d'hyperboles.

D'après l'équation 5, on a $h = c_0 \gamma x$, et comme, d'après l'équation 3, on a $\dfrac{\partial v}{\partial x}$ ou $a = -h$, il s'ensuit que

$$\frac{dv}{dx} = - c_0 \gamma x,$$

et, en intégrant,

$$6 \qquad\qquad \Delta v = - \frac{1}{2}\, c_0 \gamma x^2.$$

Telle est donc la loi de la dilatation. On voit que la variation de volume est proportionnelle à la constante γ particulière au gaz employé, à la capacité c_0 du condensateur dans le vide et au carré du potentiel x auquel on porte le plateau A [1].

À l'aide de l'équation 6 nous pouvons calculer la valeur numérique de la dilatation subie par le gaz dans des conditions déterminées. Supposons que ce gaz soit de l'air et que cet air forme la lame isolante d'un condensateur formé par deux armatures métalliques parallèles. Soient S la surface de chaque armature, e la distance qui les sépare, e_0 le volume de l'air compris dans l'espace cylindrique qui a pour base les deux armatures. Supposons que la pression de l'air soit de 760^{mm} de mercure et que l'on porte le potentiel x à la plus grande valeur qu'on puisse lui donner sous cette pression, c'est-à-dire à la valeur pour laquelle la

---

[1] Entre la dilatation électrique d'un gaz et ses propriétés optiques, il paraît exister une relation très simple et qui mérite d'être remarquée : la constante γ est égale au pouvoir réfringent du gaz. En effet, d'après la théorie de Maxwell, le pouvoir diélectrique d'un corps doit être égal au carré de son indice de réfraction n : les expériences de Boltzmann avaient précisément pour objet de vérifier cette relation, et, en effet, elles l'ont vérifiée : les valeurs du pouvoir diélectrique ou de $1 + \gamma p$ trouvées par Boltzmann sont sensiblement égales aux carrés des indices des mêmes gaz ; on a donc

$$1 + \gamma p = n^2$$

d'où

$$\gamma = \frac{n^2 - 1}{p}.$$

distance explosive est égale à e; il est évident qu'on ne peut charger le condensateur davantage puisque, au delà, l'étincelle jaillirait entre les deux armatures. Cherchons dans quel rapport se dilatera le volume d'air compris entre les deux plateaux et dont le volume primitif est z_0; on a

$$c_0 = \frac{S}{4\pi e}, \quad z_0 = Se, \quad \text{d'où } c_0 = \frac{z_0}{4\pi e^2};$$

en substituant cette valeur dans l'équation (6), il vient

$$\frac{\Delta e}{c_0} = -\frac{1}{8\pi} \gamma \frac{x^2}{e^2}.$$

Le premier membre représente la dilatation électrique subie par chaque unité de volume de l'air. Dans le second membre, si l'on suppose que x corresponde à la distance explosive e, le quotient $\dfrac{x}{e}$ est la valeur du potentiel qui donnerait une distance explosive égale à l'unité de longueur. La valeur de $\dfrac{x}{e}$ est, d'après sir W. Thomson, d'environ 133 unités C. G. S. pour l'air à la pression atmosphérique. D'autre part, on peut tirer la valeur de γ des expériences de M. Boltzmann. Ce physicien trouve, pour l'air,

$$\gamma p = 0,00055$$

quand p est la pression mesurée par 760^{mm} de mercure, c'est-à-dire quand p égale 1033×980 unités de force C. G. S., d'où

$$\gamma = \frac{0,00055}{980 \times 1033} = 0,00000000054.$$

On a donc enfin

$$-\frac{\Delta e}{c_0} = \frac{1}{8\pi} \times \overline{133}^2 \times 0,00000000054 = 0,0000038.$$

La dilatation électrique des gaz autres que l'air peut se calculer comme celle de l'air, ou bien on peut la déduire de celle trouvée pour l'air, en remarquant que les dilatations électriques sont entre elles comme les valeurs de γ, et par conséquent comme les valeurs de γp, p étant la pression atmosphérique.

D'après M. Boltzmann, les valeurs de γp sont, pour les divers gaz, données par le tableau suivant :

Air	0,00055
CO^2	0,00089
H	0,00025
CO	0,00065
Az^2O	0,00094
Gaz oléfiant	0,00124
Gaz des marais	0,00089.

Un habile expérimentateur allemand, M. Quincke [1], a essayé de constater le phénomène de la contraction électrique des gaz. Il a opéré sur de l'air, puis sur de l'acide carbonique ; ces gaz étaient enfermés dans un récipient de verre qui contenait un condensateur et qui était muni d'un petit manomètre à alcool. Avec l'acide carbonique, M. Quincke observa une contraction ; avec l'air, il ne vit aucun mouvement. Ce résultat, négatif pour l'air, peut tenir à un défaut de sensibilité du manomètre [2] et à la faiblesse relative de la contraction dans le cas de l'air : on voit, d'après le tableau précédent, que la contraction électrique n'est, pour l'air, que les $\dfrac{55}{89}$ de ce qu'elle serait pour l'acide carbonique.

En 1863, sir W. Thomson [3] a observé qu'en chargeant et en déchargeant un condensateur à lame d'air un grand nombre de fois par seconde, à l'aide d'une pile de 800 éléments Daniell, il se produisait un son. Sir W. Thomson a cru pouvoir attribuer ce son à la contraction subie par l'air sous l'influence de la charge électrique.

120. *Dilatation électrique des solides. Variation du pouvoir diélectrique produite par une tension mécanique.* — Appliquons encore le principe de la conservation de l'électricité en même temps que le principe de l'équivalence à l'étude du phéno-

---

[1] *Ann. Wiedemann*, 1880.

[2] Dans un manomètre à tube fin, comme celui qui était employé par M. Quincke, une variation insensible dans la courbure du ménisque suffit à produire une variation de pression de l'ordre de celle que l'on veut mesurer ici.

[3] *Cosmos*, t. XXIII, p. 519.

mène suivant. Lorsqu'on soumet une lame isolante à une influence électrique, lorsqu'on en fait la lame isolante d'un condensateur, on constate que ses dimensions augmentent pendant la charge et qu'elles diminuent instantanément au moment de la décharge : l'influence électrique a pour effet de dilater la lame isolante parallèlement à la surface des armatures du condensateur. Ce phénomène paraît avoir été aperçu par Volta, puis par M. Govi; plus récemment, M. Duter [1] l'a découvert de nouveau, en a donné une interprétation exacte, et a établi par l'expérience que la dilatation linéaire d'une lame de verre est proportionnelle au carré du potentiel acquis par l'armature isolée du condensateur. M. Duter se servait d'une bouteille de Leyde dont l'armature intérieure était constituée par de l'eau ; lorsqu'on charge cette eau, elle subit une contraction apparente qui est due en réalité à la dilatation de l'enveloppe. M. Righi a confirmé les résultats obtenus par M. Duter par une méthode plus directe. M. Righi prend pour lame isolante un tube de verre dont les deux faces sont garnies d'armatures métalliques et qui forment une longue bouteille de Leyde tubulaire. Lorsqu'on charge cette bouteille, elle s'allonge; elle se raccourcit instantanément au moment de la décharge. M. Righi a constaté ces variations de longueur à l'aide d'une sorte de comparateur optique.

Soit l la longueur de la bouteille de Leyde tubulaire de M. Righi, lorsque le potentiel de la lame isolée est x et que le tube est en même temps soumis, dans le sens de sa longueur, à la tension exercée par un poids p. Nous prendrons x et p pour variables indépendantes. Soit m la charge de l'armature isolée. Posons

$$dm = c\,dx + h\,dp,$$

dm étant la quantité d'électricité reçue par l'armature intérieure, c étant la capacité du condensateur et h étant un coefficient qui peut être nul. Le principe de la conservation de l'élec-

---

[1] *Comptes rendus des séances de l'Académie des Sciences*, t. LXXXVII, p. 828, 960 et 1036; 1878.

[2] *Ibid.*, t. LXXVIII, p. 1262; 1879.

tricité s'exprime en écrivant que l'expression de dm est une différentielle exacte. On a donc

$$\alpha \qquad \frac{\partial c}{\partial p} = \frac{\partial h}{\partial x}.$$

Il nous reste à exprimer le principe de l'équivalence. A cet effet, remarquons que, si le tube de verre subit un allongement dl pendant que le poids tenseur est égal à p, le travail extérieur produit par une série d'allongements et de raccourcissements est égal à $\int p \, dl$; d'autre part, si, pendant que la charge du condensateur augmente de dl, l'armature isolée est en communication avec le réservoir dont le potentiel est x, la quantité d'énergie électrique perdue par le système des réservoirs successivement employés est égale à $\int x \, dm$. Le principe de l'équivalence exige que, pour un cycle fermé, ces deux quantités soient égales ou que l'on ait

$$\int p \, dl = \int - x \, dm.$$

En d'autres termes, il faut que, en posant

$$d\mathcal{E} = - p \, dl + x \, dm,$$

$d\mathcal{E}$ soit une différentielle exacte.

Afin d'exprimer $d\mathcal{E}$, posons

$$2 \qquad dl = a \, dx + b \, dp,$$

a étant un coefficient qui mesure l'allongement observé par M. Righi, b le coefficient d'élasticité du tube dans les conditions de l'expérience. Ces deux coefficients a, b ne sont pas, d'ailleurs, indépendants l'un de l'autre. Nous supposerons, en effet, que le tube ne subit pas de déformations permanentes : dès lors, toutes les fois que p et x reprennent la même valeur, l reprend également sa valeur primitive ; l est, dès lors, une fonction de x et de p : l'expression de dl est, par suite, une différentielle exacte et l'on a

$$3 \qquad \frac{\partial a}{\partial p} = \frac{\partial b}{\partial x}.$$

En substituant dl à sa valeur, il vient

$$- d\mathcal{E} = (ap + cx)\, dx + (bp + hx)\, dp.$$

Pour que $d\mathcal{E}$ soit une différentielle exacte, il faut que l'on ait

$$\frac{\partial (ap + cx)}{\partial p} = \frac{\partial (bp + hx)}{\partial x}.$$

En développant cette équation et en tenant compte de l'équation (3), il vient

$$(3) \qquad a = x\left(\frac{\partial h}{\partial x} - \frac{\partial c}{\partial p}\right) + h.$$

Cette équation exprime le principe de l'équivalence. En y joignant l'équation (α) elle se simplifie. On obtient donc enfin le système des deux équations distinctes et compatibles

$$(\alpha) \qquad \frac{\partial c}{\partial p} = \frac{\partial h}{\partial x},$$

$$(\beta) \qquad a = h.$$

a étant positif d'après les expériences de MM. Duter et Righi, il s'ensuit que h est différent de zéro et positif. Or h est la dérivée partielle de m par rapport à p; l'interprétation physique de ce résultat est donc la suivante. La bouteille tubulaire étant chargée à un potentiel constant x, il suffit d'augmenter le poids tenseur p, pour produire une diminution de la quantité d'électrité libre, en d'autres termes pour diminuer la capacité électrique du condensateur. Tout se passe donc comme si le pouvoir diélectrique de la lame isolante diminuait lorsqu'on lui fait subir une tension mécanique croissante.

D'après les expériences de MM. Duter et Righi, l'allongement Δl dû au potentiel x est proportionnel à x^2; on a donc

$$(4) \qquad \Delta l = \frac{1}{2} K x^2,$$

K étant une constante. Introduisons ce résultat de l'expérience dans notre analyse. On tire de l'équation (4)

$$a = \frac{\partial l}{\partial x} = K x,$$

et, comme on a $h = a$, $h = Kx$; par suite, $\dfrac{\partial h}{\partial x} = K$ et, en vertu de l'équation z), il s'ensuit que $c = Kp + c_0$, c_0 étant la valeur de la capacité lorsque le poids tenseur est nul. Ainsi, de ce que l'allongement observé est proportionnel au carré du potentiel, on peut conclure que la capacité électrique varie proportionnellement au poids tenseur.

L'analyse indique donc l'existence d'un phénomène que l'expérience n'a pas encore montré : lorsqu'on soumet la lame isolante à une tension mécanique croissante, son pouvoir diélectrique augmente proportionnellement à la tension.

La dilatation électrique du verre est-elle due à la variation du coefficient d'élasticité de cette substance, ou bien à une action directe de l'électrisation ? Cette seconde explication est la vraie. On a vu en effet que, d'après l'expérience, $a = Kx$, K étant une constante; donc $\dfrac{\partial h}{\partial p}$ est identiquement nul; donc enfin, d'après l'équation 3), il en est même de $\dfrac{\partial h}{\partial x}$, c'est-à-dire que le coefficient d'élasticité h est indépendant de l'électrisation.

121. *Électrisation des cristaux hémièdres par compression. Déformation de ces cristaux produite par l'influence électrique.* — On peut appliquer le même procédé d'analyse au phénomène récemment découvert par MM. P. et J. Curie[1]. Lorsque l'on comprime une tourmaline dans le sens de l'axe, on observe que ses deux bases s'électrisent en sens contraires : la base A, qui deviendrait positive par l'effet d'un échauffement, devient positive par l'effet de la pression. Au fur et à mesure que l'on décomprime le cristal, les électricités libres disparaissent de nouveau; elles apparaissent et disparaissent instantanément en même temps que la pression. D'après MM. Curie, la quantité d'électricité libre qui apparaît est proportionnelle au poids p que l'on pose sur la tourmaline pour la comprimer, et indépendante des dimensions du cristal. D'autres cristaux, tels que le quartz, la topaze, se comportent comme la tourmaline, lorsqu'on les comprime suivant un axe d'hémiédrie.

---

[1] *Bulletin de la Société météorologique de France; 1880.*

Supposons que les bases d'un cristal de tourmaline soient munies d'armatures métalliques dont l'une B soit mise en communication avec la terre, tandis que l'autre A peut rester isolée ou être mise en communication avec des réservoirs d'électricité. On peut ainsi faire varier la pression p et le potentiel x de l'armature A et faire parcourir à cette armature un cycle fermé. Prenons p et x pour variables indépendantes. Soient Op, Ox deux axes de coordonnées rectilignes (*fig.* 96); on peut représenter l'état de

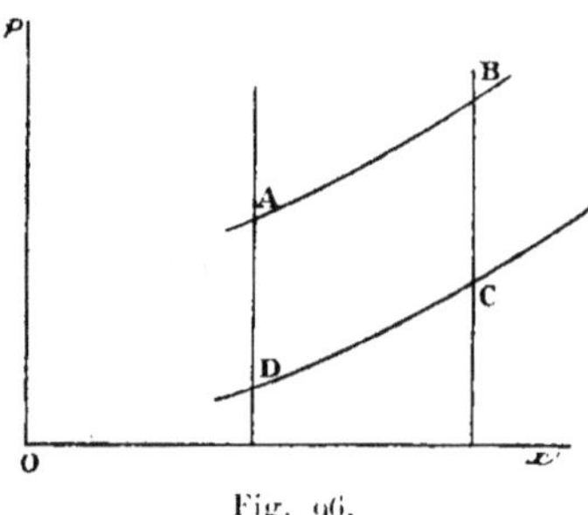

Fig. 96.

A à un moment quelconque par la position d'un point représentatif P, dont les coordonnées soient p et x. Si l'on fait varier p en maintenant A en communication avec un réservoir électrique de potentiel invariable, A subit une variation à potentiel constant représentée par une droite telle que AD, BC, parallèle à l'axe des pressions. Si l'on fait varier p en laissant A isolé, il se développe ou il disparaît de l'électricité en A, et, par conséquent, le potentiel variant avec p, on a une variation représentée par une courbe telle que AB, CD. Avec deux courbes d'une espèce et deux courbes de l'autre on peut former un cycle fermé ABCD parcouru par le point P, soit dans un sens, soit dans l'autre.

On peut donc appliquer aux phénomènes de MM. Curie le principe de la conservation de l'électricité et celui de l'équivalence.

Soit dm la quantité d'électricité reçue par l'armature A, lorsque x augmente de dx et p de dp. Posons

$$dm = c\,dx + h\,dp,$$ (1)

c étant ce que l'on peut appeler la capacité de A à pression constante et h étant un coefficient négatif si, comme nous le supposons, l'armature A est appliquée à celle des bases de la tourmaline qui s'électrise positivement par la pression. Le principe de la conservation de l'électricité s'exprime par l'équation

$$1) \qquad \frac{\partial e}{\partial p} = \frac{\partial h}{\partial x}.$$

Afin d'exprimer le principe de l'équivalence, appelons l la longueur du cristal et posons

$$2) \qquad dl = a\,dx + b\,dp,$$

b étant le coefficient d'élasticité du cristal et a un coefficient que nous ne supposons pas différent de zéro. Le reste du calcul se conduit comme dans le cas des phénomènes présentés par la bouteille tubulaire de M. Righi, sauf un changement de signe : p représente ici une pression au lieu de représenter, comme précédemment, une tension. On trouve facilement que les deux principes de la conservation et de l'équivalence s'expriment par le système des équations

$$1) \qquad \frac{\partial e}{\partial p} = \frac{\partial h}{\partial x},$$

$$3) \qquad a = -h.$$

Puisque h est différent de zéro et négatif, il s'ensuit que a est positif et par conséquent, en se reportant à l'équation 2), que l va en croissant avec x. Donc, si l'on électrise une tourmaline en chargeant positivement sa base A, le cristal *s'allonge*. Le sens de ce phénomène est à remarquer, car l'attraction qui se produit entre les charges contraires accumulées sur les bases tend à produire un raccourcissement : l'allongement du cristal est donc un changement de structure produit par l'influence électrique.

La quantité d'électricité dégagée par la compression d'une tourmaline est, d'après MM. Curie, proportionnelle à la variation de la pression p et d'ailleurs indépendante des dimensions du cristal. On a donc

$$-\frac{\partial m}{\partial p} = K \quad \text{ou} \quad -h = K,$$

K étant une constante positive. De là deux conséquences :

1° D'après l'équation (3'), on a

$$a = -h,$$

par conséquent

$$a = K,$$

et comme a, d'après l'équation 3, n'est autre que $\dfrac{\partial l}{\partial x}$, il s'ensuit enfin que

$$l = Kx + l_0,$$

l_0 étant la longueur de la tourmaline non électrisée ; l'électrisation produit donc un allongement proportionnel au potentiel.

2° Puisque h est une constante, il s'ensuit que la dérivée $\dfrac{\partial h}{\partial x}$ est nulle ; donc, d'après l'équation z, il en est de même de la dérivée $\dfrac{\partial c}{\partial p}$: donc c est indépendant de p. La capacité d'un condensateur à lame de tourmaline est donc indépendante de la compression qu'on fait subir au cristal.

122. *Phénomènes pyroélectriques. Froid produit par l'électrisation.* — Dans toutes les actions électriques ou mécaniques considérées plus haut, on a supposé que la température restait invariable. Proposons-nous maintenant d'étudier les phénomènes qui peuvent se produire lorsqu'on fait varier la température.

Considérons, en premier lieu, les propriétés pyro-électriques de la tourmaline. On sait que, lorsqu'on échauffe une tourmaline, l'une de ses bases, celle que nous avons précédemment appelée A et qui présente les angles solides les plus aigus, se charge d'électricité positive. Supposons que nous ayons muni les deux bases de la tourmaline d'armatures métalliques, l'armature de A étant isolée, l'armature de B étant en communication avec le sol. Prenons pour variables indépendantes le potentiel x et la température T. Posons :

$$dm = c\,dx + h\,dT.$$

dm étant la quantité d'électricité reçue par A lorsque x augmente de dx et T de dT. c étant la capacité électrique de l'armature A et h un coefficient négatif : h est la quantité d'électricité dégagée par une élévation de température égale à l'unité.

Le principe de la conservation de l'électricité s'exprime par l'équation

$$(\alpha \qquad \frac{\partial c}{\partial T} = -\frac{\partial h}{\partial x}.$$

On peut joindre à cette équation celle qui exprime le principe de l'équivalence. Il faut montrer d'abord qu'il y a lieu d'appliquer ici ce principe ; à cet effet, il suffit de faire voir que l'on peut faire servir un cristal de tourmaline à transformer de la chaleur en énergie électrique, tout en faisant parcourir au cristal un cycle fermé. Portons T et x en abscisse et en ordonnée sur deux axes rectangulaires OT, Ox; lorsqu'on fait croître la température, l'armature A restant isolée, le potentiel x va en croissant et la variation de ce potentiel est représentée par une ligne telle que AB, DC. Si l'on fait varier la température en maintenant A en communication avec un réservoir électrique, le potentiel reste constant et sa variation est représentée par une droite parallèle à l'axe des températures, telle que BC ou AD. Avec deux lignes de la première espèce et deux lignes de la seconde on peut former un quadrilatère qui représente un cycle fermé; si le cycle est parcouru dans le sens ABCDA, de l'électricité prise au réservoir dont le potentiel est représenté par l'ordonnée de AD (ce réservoir peut être la terre) se trouve, en définitive, transportée sur le réservoir dont le potentiel est représenté par l'ordonnée de BC. De l'énergie électrique a donc été créée aux dépens d'une certaine quantité de chaleur, car le cycle est fermé et la chaleur est la seule énergie mise en jeu; il faut donc que l'on ait

$$E \int dQ = \int x \, dm$$

pour un cycle fermé, le premier membre représentant la quantité de chaleur absorbée exprimée en unités de travail et le second membre représentant l'énergie électrique produite : E est l'équivalent mécanique de la chaleur. Il faut donc qu'en posant

$$d\mathcal{E} = x\,dm - E\,dQ$$

$d\mathcal{E}$ soit une différentielle exacte. Posons

$$dQ = a\,dx + b\,dT,$$

b étant la chaleur spécifique de la lame, a un coefficient qui peut être nul. L'expression de $d\mathcal{E}$ devient, en y substituant les valeurs de dm et de dQ,

$$d\mathcal{E} = (cx - Ea)\,dx + (hx - Eb)\,dT.$$

Pour que $d\mathcal{E}$ soit une différentielle exacte, il faut que l'on ait

$$(3) \qquad x\left(\frac{\partial c}{\partial T} - \frac{\partial h}{\partial x}\right) - E\left(\frac{\partial a}{\partial T} - \frac{\partial b}{\partial x}\right) = h.$$

Cette équation exprime le principe de la conservation de l'énergie. Nous pouvons la simplifier en appliquant le principe de Carnot.

Ce principe s'applique à tout cycle réversible et fermé dans lequel de la chaleur est transformée en travail mécanique. Ici, de la chaleur est transformée en énergie électrique; mais remarquons que l'énergie électrique, une fois produite, peut être à son tour transformée intégralement en travail mécanique et inversement, de sorte qu'en adjoignant un moteur électrique réversible au système formé par la tourmaline et par les réservoirs on constitue un moteur thermique réversible. On peut donc lui appliquer le principe de Carnot. Il s'ensuit que $\dfrac{dQ}{T}$ est une différentielle exacte. On a donc la condition d'intégrabilité

$$\frac{a}{T} = \frac{\partial a}{\partial T} - \frac{\partial b}{\partial x}.$$

En substituant au second membre sa valeur dans l'équation (3) il vient

$$(3') \qquad x\left(\frac{\partial c}{\partial T} - \frac{\partial h}{\partial x}\right) - E\,\frac{a}{T} = h.$$

L'équation β' exprime le principe de la conservation de l'énergie, en tenant compte du principe de Carnot.

Enfin, si l'on tient compte de l'équation α, on voit que le terme en x disparaît dans l'équation β', et que celle-ci se réduit à

$$\beta'', \qquad \frac{Ea}{T} = -h.$$

Quelle est l'interprétation physique de ce résultat ? Puisque h est une quantité négative, il résulte de l'équation β'' que a est une quantité positive ; or, a est la dérivée partielle de la quantité de chaleur Q par rapport au potentiel x. Si donc, à température constante, on électrise positivement le pôle A d'une tourmaline, de la chaleur est absorbée ou bien le cristal *se refroidit*. Si l'on électrisait de même le pôle B, l'effet inverse se produirait.

D'après les expériences de M. Gaugain, la quantité d'électricité produite par l'échauffement ou le refroidissement d'une tourmaline est simplement proportionnelle à la variation de température ; en d'autres termes, la valeur de $-h$ est un nombre positif et constant k : il s'ensuit que l'on a $\frac{\partial h}{\partial x} = 0$, et par conséquent, d'après l'équation α, que $\frac{\partial c}{\partial T} = 0$. La capacité électrique d'un condensateur à lame de tourmaline est donc indépendante de la température.

Ce dernier fait est-il général ? Si l'on substituait un autre corps, tel qu'une lame de verre, à la plaque de tourmaline, la capacité du condensateur ainsi formé serait-elle encore indépendante de la température ? L'expérience seule prononcera sur ce point. Supposons que l'on constate expérimentalement que la capacité d'un condensateur à lame de verre varie ; qu'elle augmente, par exemple, avec la température : cette variation constituerait un nouveau phénomène, que l'on pourrait à son tour soumettre au mode de calcul qui nous a précédemment servi. On trouverait alors que, si la lame isolante avait une capacité électrique croissante avec la température, elle devrait jouir de la propriété inverse, à savoir, de *se refroidir* lorsqu'on la soumet à l'influence d'un corps électrisé.

123. *Remarques générales. Phénomènes réciproques. Extension de la loi de Lenz.* — Les exemples que j'ai donnés suffisent pour montrer comment on peut appliquer à l'analyse d'un phénomène électrique donné le principe de la conservation de l'électricité en même temps que le principe de l'équivalence. Quel que soit le problème auquel on applique ce calcul, on peut faire les remarques suivantes :

1° Les deux principes fournissent deux équations de conditions distinctes et compatibles.

Ce fait n'a rien d'étonnant puisque les deux principes eux-mêmes sont distincts et compatibles.

2° Le système de deux équations ainsi obtenu s'interprète au moyen de deux lois physiques, dont l'une définit un phénomène nouveau, qui est le réciproque du phénomène donné.

3° Le principe de la conservation de l'électricité est nécessaire pour établir ces conclusions ; le principe de l'équivalence, pris tout seul, n'eût pas suffi : notamment, il n'eût pas suffi pour prouver l'existence du phénomène réciproque.

A ce propos, il est peut-être utile de remarquer qu'il faut se garder de confondre ce que l'on peut appeler la *réversibilité* d'un phénomène avec l'existence du phénomène réciproque : il y a là deux idées distinctes qui sont logiquement et physiquement séparables. Un phénomène réversible est celui qui a lieu indifféremment dans l'un ou l'autre sens; tout en étant réversible, il peut n'avoir pas de *réciproque* ; le phénomène réciproque est une action nouvelle dans laquelle il y a, non pas un simple changement de signe, mais une interversion de la cause et de l'effet. Quelques exemples rendront cette distinction plus claire.

L'action d'un courant sur l'aiguille aimantée est un phénomène réversible : la déviation de l'aiguille varie d'une manière continue, s'annule et change de signe avec le courant ; mais, que la déviation ait lieu à droite ou à gauche, c'est toujours le même phénomène : il a pour réciproque la production d'une force électromotrice d'induction due au mouvement de l'aiguille, c'est-à-dire un phénomène différent.

La déviation du plan de polarisation de la lumière sous l'action d'un courant électrique est encore un phénomène réversible, cependant on ne lui connaît pas de réciproque : on n'a jamais constaté qu'une rotation du plan de polarisation fasse naître un courant électrique dans un circuit voisin.

Le phénomène de M. Boltzmann, la variation du pouvoir diélectrique d'un gaz avec la pression, est un phénomène réversible ; nous avons démontré l'existence du phénomène réciproque, qui est la contraction électrique des gaz : de même, dans chacun des problèmes traités plus haut, nous avons admis la réversibilité du phénomène étudié et trouvé par le calcul l'existence du phénomène réciproque.

Le sens du phénomène réciproque se trouve par une règle très simple : ce sens est toujours tel que *le phénomène réciproque tende à s'opposer à la production du phénomène primitif.*

On a vu, en effet, que la compression d'un gaz diminue le potentiel électrique d'un conducteur placé dans ce gaz ; réciproquement la diminution du potentiel tend à produire une dilatation du gaz et par conséquent à empêcher le mouvement du piston compresseur. De même, en pesant sur une tourmaline, on produit l'électrisation du cristal ; réciproquement cette électrisation est d'un sens tel qu'elle fait naître des forces mécaniques qui s'opposent au raccourcissement du cristal. Lorsqu'on fournit de l'électricité à une lame de verre, celle-ci se dilate ; en vertu du phénomène réciproque, il se produit une diminution de capacité électrique qui tend à empêcher l'électrisation. Enfin lorsque l'on échauffe une tourmaline, le cristal s'électrise ; réciproquement cette électrisation est d'un sens tel, qu'elle produit une absorption de chaleur et tend par conséquent à empêcher l'échauffement. La loi de Lenz, qui régit les phénomènes d'induction, rentre évidemment dans la règle qui vient d'être donnée.

Lorsque l'on admet l'existence du phénomène réciproque, la règle qui permet d'en prévoir le sens est une conséquence du principe de l'équivalence : en effet, le phénomène réciproque est le mécanisme par lequel une forme de l'énergie est absorbée et transformée en énergie électrique ou mécanique. Mais, pour établir l'*existence* du phénomène réciproque, comme pour en trouver la loi, on a vu que le principe de l'équivalence ne suffit pas et qu'il faut y joindre le principe de la conservation de l'électricité.

GALVANOMÈTRE ET ÉLECTRODYNAMOMÈTRE

A MERCURE

DE M. LIPPMANN

---

124. *Galvanomètre à mercure.* — Ce galvanomètre est fondé sur l'action des aimants sur les courants. Un manomètre à mercure (*fig.* 97) est placé entre les branches d'un aimant fixe, de

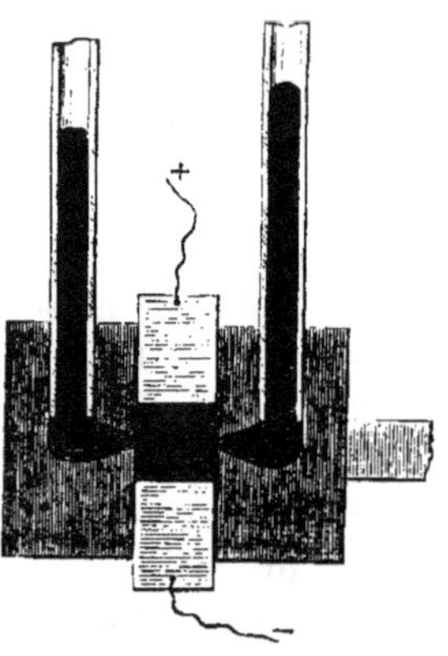

Fig. 97.

telle manière que les deux pôles de l'aimant se trouvent à droite et à gauche de la branche horizontale du manomètre.

Le courant électrique que l'on veut mesurer est amené au mercure de cette branche horizontale et il le traverse verticalement, c'est-à-dire perpendiculairement à l'axe du tube. Il se produit dès lors une différence de niveau entre les deux branches du manomètre, différence proportionnelle à l'intensité du courant. Dans deux instruments que l'on a construits, cette différence de niveau est égale respectivement à 23 et à 58 ^{mm} pour un ampère.

Le système formé par un manomètre à mercure placé sous l'influence d'un aimant constitue donc un galvanomètre d'une construction très simple et dont les indications sont exactement proportionnelles à l'intensité du courant. La théorie de son fonctionnement est la suivante : la portion de la colonne de mercure parcourue par le courant représente un élément de courant mobile. Cet élément de courant tend à repousser l'aimant placé dans son voisinage dans une direction déterminée par la règle d'Ampère. Comme l'aimant est ici immobile et que l'élément de courant est mobile, c'est l'élément qui se déplace : la réaction qu'il subit produit une poussée hydrostatique qui se traduit par la dénivellation du mercure. Le mercure s'arrête dès que la pression hydrostatique fait équilibre à la poussée électromagnétique.

Soient i l'intensité du courant et p la pression hydrostatique mesurée par la dénivellation du mercure. On peut calculer p en fonction de i. A cet effet, supposons, ce qui est le cas en réalité, que l'élément de courant ait la forme d'un parallélipipède rectangulaire dont la longueur, comptée dans le sens du courant, soit l. La force électromagnétique qui tend à déplacer l'élément de courant est égale à Hli, H étant l'intensité du champ magnétique. Pour avoir la valeur de la pression hydrostatique p, il faut diviser l'expression de la force par l'aire $l\varepsilon$ de la surface sur laquelle elle s'exerce et qui a pour dimensions la longueur l et l'épaisseur ε du parallélipipède comptée dans la direction des lignes de force magnétique.

On a donc

$$p = \frac{Hli}{l\varepsilon} = \frac{Hi}{\varepsilon}.$$

La sensibilité de l'instrument va donc en augmentant avec l'intensité magnétique et avec la minceur de la lame de mercure.

En conséquence, on a armé les pôles de l'aimant *fig.* 98 de deux masses de fer doux A et B, qui arrivent presque en contact l'une de l'autre et qui ne laissent entre elles qu'une sorte de fente où l'intensité magnétique est considérable et uniforme. Dans cet intervalle se trouve une petite chambre à mercure rectangulaire.

qui fait partie de la branche horizontale du manomètre et qui est parcourue verticalement par le courant. L'épaisseur e de la lamelle de mercure parcourue par le courant est d'environ $0^{mm},2$. La forme et les dimensions de cette lamelle sont telles que la poussée électromagnétique soit la même en tous ses points et

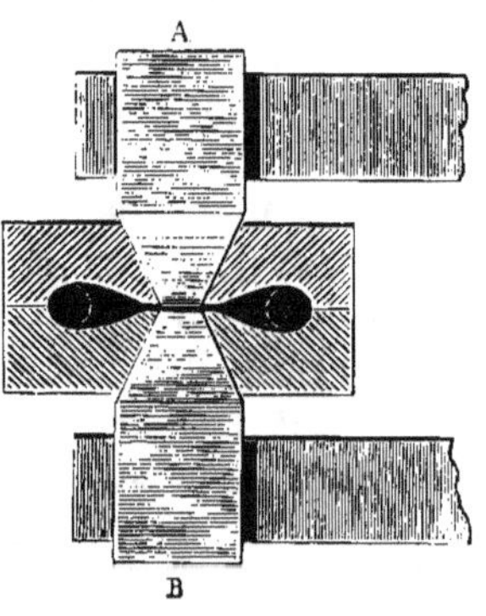

Fig. 98.

qu'il se produise par conséquent un état d'*équilibre* du mercure, sans tourbillons intérieurs.

L'appareil est réversible, c'est-à-dire que, si l'on met le mercure en mouvement par une force mécanique, il naît un courant électrique dans le circuit qui réunit les pôles de l'appareil, **qui** constitue alors un électromoteur. J'ai constaté, en effet, que si l'on met les bornes de l'instrument en communication avec celles d'un galvanomètre sensible, et que l'on insuffle ou que l'on aspire dans l'une des branches du manomètre, de manière à mettre le mercure en mouvement, l'aiguille du galvanomètre dévie.

Un écoulement continu de mercure à travers l'appareil ferait naître un courant d'induction continu entre ses pôles.

On peut augmenter la sensibilité du galvanomètre à mercure : 1° en diminuant l'épaisseur e de la lamelle de mercure ; 2° en augmentant l'intensité du champ magnétique H ; 3° en mesurant la pression produite par l'ascension d'un liquide plus léger que le mercure, ou plus généralement par l'indication d'un manomètre plus sensible que ne l'est un manomètre à mercure.

125. *Electrodynamomètre à mercure.* — L'électrodynamo-mètre est fondé sur le même principe que le galvanomètre à mercure.

Une petite chambre parallélipipédique, remplie de mercure, est disposée au centre d'une bobine de fil de cuivre. Le courant électrique que l'on veut mesurer parcourt successivement le fil de cette bobine et la lamelle de mercure ; celle-ci communique d'ailleurs latéralement avec les deux branches d'un manomètre. Lorsque le courant électrique est établi, le manomètre dévie d'une manière permanente, en vertu de l'action électrodyna-mique exercée sur la lamelle de mercure par le reste du cir-cuit.

Cet instrument jouit des propriétés d'un électrodynamo-mètre ordinaire ; il mesure le carré de l'intensité i du courant et il permet de mesurer des courants alternatifs : mais il possède, en outre, des propriétés qui peuvent rendre son usage avanta-geux dans certains cas. Toutes les pièces qui le constituent sont, comme on le voit, rigides et immobiles, à l'exception du mercure ; ce mercure lui-même, dans les points où il subit la poussée élec-trodynamique, est dans une position invariable par rapport au reste du circuit. Il s'ensuit que la déviation du manomètre est rigoureusement proportionnelle au carré de i. En outre, grâce à la rigidité de ses parties, l'appareil, une fois construit, conserve une forme et par conséquent une sensibilité parfaitement cons-tantes. Une fois gradué dans un laboratoire, on peut s'en servir pour retrouver, sans nouvelles mesures, des intensités de courant déterminées : il équivaut à un étalon d'intensité.

On peut d'ailleurs construire l'électrodynamomètre à mercure de manière à en faire un instrument de mesure absolu.

En effet, la pression p indiquée par le manomètre est reliée à l'intensité i par la formule

$$(1) \qquad p = \frac{C}{\varepsilon} i^2.$$

dans laquelle ε représente l'épaisseur de la lame de mercure ; C, l'intensité du champ magnétique produit au centre de la bobine par un courant d'intensité égale à 1, se déduit des dimensions de cette bobine. Une fois ces grandeurs connues, l'instrument se trouve gradué *a priori* par la formule (1) et il peut servir à graduer d'autres instruments par comparaison.

Dans un appareil construit, le rapport $\dfrac{C}{\varepsilon}$ est égal à 650; par conséquent, un courant égal à 1 C.G.S. ou à 10 ampères produit une pression de 650 dynes, ou d'environ 650 [mgr] par centimètre carré.

126. *Application à la mesure des champs magnétiques.* —

Le principe du galvanomètre à mercure a conduit MM. Leduc et Bouty à deux dispositifs destinés à la mesure des champs magnétiques.

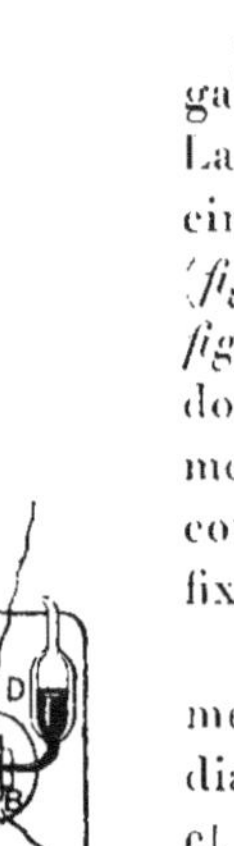

1° L'appareil de M. Leduc n'est autre que le galvanomètre à mercure légèrement transformé. La chambre à mercure occupe le centre d'un trou circulaire découpé dans une planchette d'ébonite (*fig.* 99) : le détail de cette chambre se voit *fig.* 100. Elle est formée par deux lames de verre dont l'écartement est maintenu invariable au moyen de quatre petites cales découpées dans un couvre-objet de microscope et fixées au baume de Canada.

Le courant traverse verticalement la chambre par l'intermédiaire de deux lames de platine P et P' qui ont à très peu près l'épaisseur et la largeur intérieures de la petite cuve.

Fig. 99.

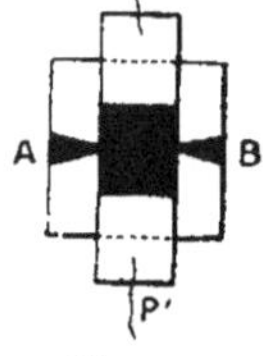

Fig. 100.

Cette chambre dont l'épaisseur ε peut varier de $0^{mm},1$ à $0^{mm},5$ est reliée aux deux branches d'un manomètre différentiel.

Le manomètre contient du mercure jusqu'au milieu des ampoules C et D; ce liquide est surmonté, à gauche de la figure 99, d'une colonne d'eau ou d'alcool CE qui s'arrête vers le milieu du tube CG dont la longueur est de $0^m,60$ à 1 mètre. Pour connaître, au moyen de cet appareil, la valeur H du champ magnétique en un point donné, on y dispose la cuve normalement aux lignes de force et l'on fait passer dans celle-ci un courant d'intensité *i* connue. On voit le niveau E s'abaisser ou s'élever d'une quantité h, qui est reliée à la poussée hydrostatique p par la formule simple

$$p = hg\delta$$

dans laquelle g est l'accélération de la pesanteur et δ une fonction connue de la densité des deux liquides du manomètre et des sections des ampoules et du tube étroit. La valeur du champ magnétique est donnée par la formule

$$H = \frac{p z}{i} = \frac{g \delta z h}{i}.$$

M. Leduc a montré, par la discussion de cette formule, qu'il est très aisé de connaître les champs magnétiques en valeur absolue à cinq unités C.G.S près et qu'il est possible d'aller beaucoup au delà.

2° L'appareil de M. Bouty est fondé sur le phénomène réciproque de l'action électromagnétique utilisée par M. Lippmann dans son galvanomètre à mercure. Nous avons vu que, quand on met le mercure de cet appareil en mouvement, il passe un courant électrique dans la petite cuve, c'est-à-dire qu'il se produit une différence de potentiel aux extrémités verticales de cette cuve. On conçoit que, connaissant la loi de l'écoulement du liquide conducteur et cette différence de potentiel, on en puisse conclure la valeur H du champ qui est à la fois normal au courant électrique et au courant du liquide.

Supposons un écoulement uniforme de vitesse v, la section de la veine étant rectangulaire et ayant pour dimensions z dans la direction du champ H et l dans la direction perpendiculaire à la fois aux lignes de force et à la vitesse d'écoulement. On peut assimiler la veine à un conducteur mobile de longueur l; la force électromotrice E induite aux extrémités de ce conducteur a pour valeur

$$E = H v l.$$

D'autre part, le débit D a pour valeur

$$D = z l v,$$

d'où l'on tire

$$H = \frac{E z}{D}.$$

Or, d'après cette formule, la force électromotrice induite E
est indépendante de la nature du liquide conducteur ; elle ne
dépend que du débit, du champ et de la dimension ε de la veine
dans la direction du champ. M. Bouty a constaté expérimentalement qu'on peut remplacer le mercure par un conducteur impar-
fait tel qu'une solution saline plus ou moins étendue et que la
facilité des mesures reste la même si l'on remplace ces solutions
par de l'eau ordinaire.

Pour déterminer la forme de la veine, M. Bouty emploie des
ajutages ou cuvettes en ébonite de construction assez robuste
pour pouvoir résister, sans fuite latérale et sans déformation, à
une charge de 20 mètres d'eau au moins. Deux électrodes de
cuivre occupant, sur une largeur de 1 centimètre environ, toute
la largeur de la cuvette, arasent exactement la face supérieure et
la face inférieure de la veine. La force électromotrice est mesurée
au moyen d'un électromètre capillaire. Il y a intérêt, comme le
montre la formule précédente, à opérer avec des débits considérables, la sensibilité de la méthode étant proportionnelle à ce
débit.

Cette méthode permet de mettre en évidence et de mesurer
d'une manière précise des champs magnétiques excessivement
faibles, de quelques unités seulement. Une seule précaution est
indispensable. c'est l'isolement rigoureux des électrodes.

NOTE A

Pour qu'une intégrale telle que $\int dm$ soit nulle toutes les fois qu'on l'étend à un cycle fermé, il faut et il suffit que la quantité placée sous le signe $\int$ soit une différentielle exacte. Ce théorème a été appliqué en Thermodynamique par sir W. Thomson et G. Kirchhoff.

En effet, soient x et y les variables indépendantes ; soient deux axes de coordonnées rectilignes Ox, Oy (*fig.* 101) ; prenons x et y pour coordonnées

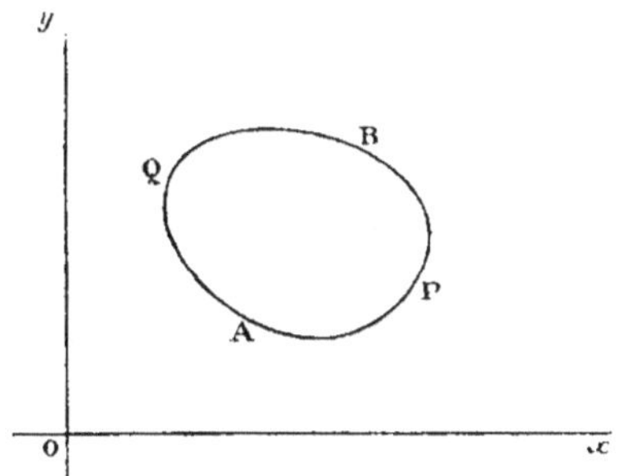

Fig. 101.

d'un point mobile P rapporté à ces axes ; lorsque x et y varient d'une manière continue, le point P décrit une courbe continue, laquelle est fermée lorsque le cycle est fermé. Par hypothèse, la valeur de l'intégrale est nulle dans ce cas. Par conséquent, la valeur de l'intégrale obtenue en allant d'un point A à un point B quelconque de la courbe le long de l'arc APB est égale et de signe contraire à la valeur de l'intégrale obtenue en allant du point B au point A le long de l'arc BQA ; par conséquent, en allant du point A au point B, soit par l'arc ABP, soit par l'arc AQB, on obtient des intégrales dont les valeurs sont égales et de même signe. Or ces arcs sont quelconques ; la valeur de l'intégrale est donc indépendante du chemin parcouru ; elle ne dépend que des positions des points extrêmes A et B. Donc, si l'on représente par x et y les coordonnées A d'un point B quelconque du plan, l'intégrale étendue jusqu'à ce point est une fonction de x et de y. La quantité placée sous le signe $\int$ est donc la différence de cette fonction ; elle est, en d'autres termes, une différentielle exacte : c'est ce qu'il fallait démontrer.

Inversement, si *dm* est la différentielle d'une fonction de x et de y, l'intégrale définie $\int dm$ représente la variation de cette fonction : par conséquent, cette intégrale est nulle lorsque ses limites inférieure et supérieure sont égales.

Une expression différentielle quelconque ne satisfait pas en général à la condition d'intégrabilité et par conséquent, en l'intégrant le long d'une courbe fermée, on obtient un résultat qui est en général différent de zéro. Mais, lorsque $\int dm$ représente une quantité d'électricité, cette quantité, étendue à un cycle fermé, est toujours nulle : c'est l'expérience qui nous l'apprend. D'après le théorème qui vient d'être rappelé, on exprime le même fait d'expérience en écrivant que la condition d'intégrabilité est satisfaite.

NOTE B

Lorsque, dans un phénomène ou dans une série de phénomènes, il y a production d'une certaine quantité de travail mécanique $\mathcal{T}$, et qu'en même temps l'énergie électrique, contenue dans un système de réservoirs électriques, subit une diminution égale à $\int x\, dm$, je dis que l'on a

$$\mathcal{T} = \int x\, dm,$$

quelle que soit la nature du phénomène et à la condition seulement que le cycle parcouru soit fermé, c'est-à-dire à la condition qu'il n'y ait en définitive d'autre phénomène produit que ceux qui sont mesurés par les termes $\mathcal{T}$ et $\int x\, dm$, et que l'état final du système soit d'ailleurs identique de tout point à son état initial.

En effet, je puis ramener les réservoirs électriques à leur état initial en me servant d'une machine électrique à influence et à condition de dépenser, pour faire fonctionner cette machine, une quantité de travail $-\mathcal{T}'$. Cela fait, la production totale de travail est réduite à $\mathcal{T} + \mathcal{T}'$. Je dis que cette quantité est nécessairement nulle. En effet, le système tout entier, y compris cette fois l'ensemble des réservoirs électriques, étant ramené exactement à son état initial, la même série d'opérations peut recommencer indéfiniment : par conséquent, si la quantité $\mathcal{T} + \mathcal{T}'$ était positive, on aurait réalisé le moteur perpétuel ; si elle était négative, on aurait un mécanisme qui détruirait une quantité indéfinie de travail sans en fournir l'équivalent.

On a donc nécessairement

$$\mathcal{T} + \mathcal{T}' = 0 \quad \text{ou} \quad \mathcal{T} = -\mathcal{T}'.$$

D'autre part, on sait que la quantité de travail $-\mathcal{T}'$, nécessaire pour faire fonctionner la machine à influence, est identiquement égale à $\int x\, dm$: c'est une identité qui résulte de la définition du potentiel x. On a, par suite, $\mathcal{T} = \int x\, dm$: c'est ce qu'il fallait démontrer.

De même, si dans une série de phénomènes quelconques il y a absorption d'une certaine quantité de travail mécanique, la quantité de travail absorbée est égale à l'accroissement de l'énergie électrique, à condition seulement que le cycle soit fermé. On le démontrerait par le même raisonnement, en supposant cette fois que la machine à influence fonctionne comme machine motrice.

Cette démonstration ne suppose pas que le phénomène considéré soit réversible.

Le théorème qui vient d'être démontré peut se traduire par une condition d'intégrabilité. En effet, en remplaçant $\widetilde{\mathcal{C}}$ par le symbole $\int d\widetilde{\mathcal{C}}$, on a $\int d\widetilde{\mathcal{C}} = \int x\, dm$ ou $\int (d\widetilde{\mathcal{C}} - x\, dm) = 0$, pour un cycle fermé. Cela revient à écrire (ainsi qu'on l'a vu dans la Note précédente) que la quantité placée sous le signe $\int$ est une différentielle exacte.

NOTE C

Les deux principes de la conservation de l'électricité et de la conservation de l'énergie s'appliquent à l'analyse des phénomènes électrocapillaires présentés par une électrode de mercure. On en déduit, ainsi que je l'ai montré autrefois, deux relations [1], dont la première se trouve confirmée par des expériences récentes dues à M. R. Blondlot.

Cette première relation s'écrit

$$(1) \qquad c = - \frac{\partial^2 A}{\partial x^2},$$

c étant la capacité de polarisation par unité de surface d'une électrode de mercure, A étant la constante capillaire du mercure et x la différence de potentiel entre ce métal et le liquide qui le baigne. A est une fonction de x, et j'ai démontré en 1877 [2], par des expériences que M. Blondlot et moi nous avons ensuite étendues à un grand nombre de liquides, que cette fonction A est la même quelle que soit la nature des liquides employés. Il doit donc en être de même de sa dérivée seconde et par conséquent de la capacité c.

M. Blondlot [3] a démontré par l'expérience que la capacité de polarisation du *platine* est indépendante de la nature du liquide qui le baigne, pourvu qu'on maintienne constante la valeur de x. Ainsi que le fait remarquer M. Blondlot, cette loi pouvait se prévoir d'après la formule (1), sans pourtant en être la conséquence nécessaire. En effet, il n'est pas démontré que le platine, corps solide, ait une constante capillaire, et par conséquent que la formule (1) lui soit applicable. La loi découverte par M. Blondlot ne pouvait donc être démontrée que par l'expérience ; mais, une fois démontrée, cette loi est une confirmation indirecte de la formule (1) et par conséquent du principe de la conservation de l'électricité.

---

[1] Voir *Annales de Chimie et de Physique*, 1875.

[2] *Ibid.*, 1877.

[3] Thèse pour le doctorat, *Journal de Physique*, 1881.

TABLE DES MATIÈRES

INTRODUCTION

MESURES ABSOLUES

PREMIÈRE PARTIE

SYSTÈME ÉLECTROSTATIQUE

CHAPITRE PREMIER

Définition.

CHAPITRE II

Propriétés générales du potentiel.

CHAPITRE III

Applications. — Capacités. — Condensateurs. — Électromètres absolus.

CHAPITRE IV

Forces électromotrices quelconques.

CHAPITRE V

Énergie électrique.

DEUXIÈME PARTIE

SYSTÈME ÉLECTROMAGNÉTIQUE

CHAPITRE PREMIER

Définition.

CHAPITRE II

Mesure des courants.

CHAPITRE III

Mesure de la quantité d'électricité dans le système électromagnétique.

CHAPITRE IV

Mesure des forces électromotrices dans le système électromagnétique.

CHAPITRE V

Mesure des résistances dans le système électromagnétique absolu.

CHAPITRE VI

Relation entre les deux systèmes d'unités électriques absolues.

TROISIÈME PARTIE

THÉORIE ÉLECTROMAGNÉTIQUE DE LA LUMIÈRE

SUPPLÉMENT

1° PRINCIPE DE LA CONSERVATION DE L'ÉLECTRICITÉ

2° GALVANOMÈTRE ET ÉLECTRODYNAMOMÈTRE A MERCURE
DE M. LIPPMANN

ÉVREUX, IMPRIMERIE DE CHARLES HÉRISSEY